U0235884

● 陕西省社会发展攻关项目(编号 2010K110103)

● 商洛市科技计划基金项目(编号 2008SKF--02)

跨流域调水工程补偿机制研究

——以南水北调(中线)工程商洛水源地为例

刘建林　著

黄河水利出版社

·郑　州·

内 容 提 要

本书在系统分析及借鉴国内外水资源生态修复和生态保护补偿经验的基础上,研究国家相关公共政策与法规,提出了适应南水北调(中线)工程商洛水源地丹江流域的生态修复模式,并提出了南水北调(中线)工程应给予商洛水源地保护和补偿的科学依据,以及保护和补偿的方式、方法、内容与资金筹措、管理运行模式等,构建了跨流域调水工程水源地水资源补偿的长效机制。

本书可作为广大水利工作者、高等学校相关专业教师、科研机构相关研究人员、政府部门相关行业水资源管理工作者的理论研究和实际工作的参考书,也可作为高校水利类相关专业学生学习的参考教材。

图书在版编目(CIP)数据

跨流域调水工程补偿机制研究:以南水北调(中线)
工程商洛水源地为例 / 刘建林著. —郑州:黄河水利出
版社,2015.3
ISBN 978 - 7 - 5509 - 1041 - 6

Ⅰ. ①跨… Ⅱ. ①刘… Ⅲ. ①跨流域引水 - 调水
工程 - 生态环境 - 补偿机制 - 研究 Ⅳ. ①TV68②X321

中国版本图书馆 CIP 数据核字(2015)第 054324 号

出 版 社:黄河水利出版社
　　　　　地址:河南省郑州市顺河路黄委会综合楼 14 层　　邮政编码:450003
发行单位:黄河水利出版社
　　　　　发行部电话:0371 - 66026940、66020550、66028024、66022620(传真)
　　　　　E-mail:hhslcbs@126.com
承印单位:河南省瑞光印务股份有限公司
开本:787 mm×1 092 mm　1/16
印张:12.25
字数:283 千字　　　　　　　　　　　　　印数:1—1 000
版次:2015 年 3 月第 1 版　　　　　　　　印次:2015 年 3 月第 1 次印刷

定价:65.00 元

作者简介

  刘建林，男，1963 年 10 月生，陕西周至人，工学博士，三级教授，研究生导师，现任商洛学院校长，西安理工大学教授，西安工程大学兼职教授。兼任全国高等学校本科教学工作水平评估专家组成员，全国高等学校教学研究会理事，陕西省渭河水文化研究会理事，秦岭发展研究会理事，中共西安市委政策研究室特约研究员，西安阎良人民政府决策咨询委员会委员。

  主要从事区域经济与水资源管理、水利水电工程项目管理、高等教育管理方向的教学与研究。出版有《城市用户群节水理论与实践》、《陕西省渭河流域管理体制研究》、《渭河箴言》等著作 8 部，主编、副主编教材 6 部，参与国家 863 计划和自然科学基金项目 3 项；主持有陕西省科技计划重点攻关项目、陕西省高等教育教学研究重点课题等省市纵、横向研究课题 49 项，先后公开发表研究论文 80 余篇，其中三大检索论文 4 篇；曾赴牛津大学、剑桥大学、帝国理工大学、斯坦福大学、伯克利大学、加州理工大学、日本大学、吉隆坡建设大学等英国、美国、日本、马来西亚等国家 20 余所高校访学。

  近年来，致力于河流健康生命、江河流域管理体制、现代都市水利理论与实践的研究，主持完成有陕西渭河水文化总体规划、"八水润西安"概念性规划和水文化专项规划、陕西引汉济渭工程管理体制研究等 20 余项生产实际项目，提出了"绿色水源：保障城市供水安全"的新理念。指导毕业研究生 28 名。获陕西省人民政府教学成果一等奖 1 项，中国高等教育学会研究成果特等奖 1 项，西安市人民政府科技进步二等奖 1 项，商洛市人民政府科技进步一等奖 1 项，陕西高等学校科学技术二等奖 2 项、三等奖 3 项。

前　言

　　政通人和,国泰民安。世纪之交,华夏民族一个又一个壮举,创造着世界的奇迹;以人为本,和谐发展。伟大时代,三秦大地一篇又一篇华章,彰显着日渐强大的国力。

　　我国水资源短缺且时空分布不均,以"南多北少、南涝北旱"为基本特征,除有限的气象条件干预措施外,跨流域调水工程是解决这一问题的最有效办法。每逢盛世必兴水。继宏伟的三峡水利工程之后,党和政府科学决策,建设南水北调工程,以解决北京、天津等北方缺水地区水资源的补给问题,为和谐社会构建和实现国民经济可持续发展注入后续强力支持。

　　南水北调工程旨在通过调水工程把长江流域丰水区水资源输入干旱半干旱缺水的华北地区、北京、天津等地。南水北调工程分为东、中、西三条线路。南水北调(中线)工程取水口位于丹江口水库,水源地涉及陕西、河南、湖北、甘肃、四川、重庆6省(市)13个地(市)49个县(市、区),集水面积9.52万 km^2 。陕西南部作为丹江口水库的主要水源地,集水面积达6.3万 km^2 ,占总汇流面积的66%以上,其中商洛市集水面积为1.67万 km^2 ,占整个有效汇流面积的17.54%。先期开工建设的南水北调(中线)工程是整个南水北调工程的有机组成部分,有着极其显著的战略地位和重要作用,其水源地保护是事关工程成败的前提条件,是维系工程可持续发展的关键因素。

　　商洛,因境内有商山、洛水而得名,位于陕西省东南部,辖6县1区,占地面积1.92万 km^2 ,横跨长江、黄河两大水系,是秦楚大地文化的交汇地。商洛自然资源尤以矿产、中药、旅游等资源最为丰富,随着国家经济的可持续发展、西部大开发战略的实施、关天经济圈的建立,以及多年积蓄的力量准备,商洛正步入发展快车道。丰富的水资源为商洛的经济发展提供了强有力的支持,但为了保证南水北调(中线)工程的供水安全,一江清水供北京,实现绿色水源,急需构建适应丹江流域商洛水源地的水土保持生态修复方式方法,商洛水源地的水资源保护任务光荣而艰巨。保护是一种牺牲,保护意味着付出,保护要有代价。商洛水源地水资源保护需要调整产业结构,需要进行开发移民,需要进行生态修复建设,需要开展水土保持,需要改变民众传统生活方式,需要变粗放型生产方式为集约型生产方式等。这无疑给商洛经济社会的发展和民众生活水平的提高,在带来机遇的同时,增加了许多制约条件和阻力。

　　商洛作为革命老区,有着自觉奉献和服务于全国解放和发展的光荣传统。南水北调(中线)工程作为国家宏观经济发展和和谐社会建设的重大举措,商洛社会各界有着积极支持和投入该项工程建设的勇气和责任。但京津地区通过南水北调使用的水资源除了工程的直接成本,还包含商洛水源地民众的劳动价值投入。商洛水源地水资源保护单靠商洛民众的"政治觉悟"以"无偿、义务、牺牲"的方式不足以支持该项事业的可持续发展。而从国家相关政策法规及行政区划分运行方式上,党和政府也通过确立水资源调用的保护与补偿支持受水区对输水区劳动价值的承认。这种保护和补偿,既是对受水区接受水源区水资源的保障性投入,也是对调用的水资源所附着的劳动成果的回馈。保护是在投入支持下进行的保障性活动,补偿是对保护的一种支持和承认性投入,两者均包含了工程措施和非工程措施。

基于全面发展、协调发展和可持续发展的科学发展观,南水北调(中线)工程商洛水源地保护的重要性,以及商洛水源地补偿对水资源保护的支持作用,在输水区与受水区共谋生存和发展、和谐共赢理念的支持下,研究如何进行水源地保护和补偿对战略机遇期国家资源的开发利用,尤其是水资源的占有、使用和调用有着非常积极的意义。

本书作者在广泛走访调研、收集资料、分析计算以及借鉴国内外水资源生态修复模式和生态保护补偿经验、调水工程补偿理论与实践的基础上,研究了国家相关公共政策法规,提出了适应商洛水源地的生态修复模式,提出了南水北调(中线)工程应给予商洛水源地保护和补偿的科学依据,以及保护和补偿的方式、方法、内容与资金、管理运行模式等。本书力图建立补偿长效机制,在有效进行水资源保护的条件下,以实现商洛水源地对南水北调可持续的水资源供给,支持商洛经济社会的可持续发展,共享受水区水资源支持条件下的发展成果,也体现了输水区与受水区的和谐发展、共同繁荣,为相关调水工程提供了可借鉴的科学研究成果。

本书主要研究成果包括:

(1)对国内外调水工程水资源补偿案例进行了分析。如德国易北河通过收取排污费、财政贷款、提供研究津贴、下游对上游提供经济支持进行补偿;美国纽约市与上游Catskill流域之间通过对用水户征收附加税、发行公债及信托基金等方式筹集补偿资金,并通过投资购买上游流域的生态环境服务进行补偿;厄瓜多尔流域生态补偿是通过建立水资源保护信用基金补偿制度进行补偿;日本流域生态补偿是通过制定《水源地区对策特别措施法》,建立对水源区的综合利益补偿机制进行补偿;哥斯达黎加流域通过实行生态有偿服务,用水户向国家林业基金提交资金对保护流域水体的个人进行补偿;国内的密云水库水资源补偿是通过直接的资金和以项目的形式对上游水源区环境保护建设进行补偿;东阳—义乌水资源补偿是通过达成水权交易协议和制度补偿制度等进行补偿。这些案例为建立跨流域调水工程补偿机制提供了可以借鉴的经验。

(2)对南水北调(中线)商洛水源地进行了水量平衡分析。通过对商洛地区流域多年平均水量平衡、商洛水源地多年平均水量平衡和商洛水源地枯水年水量平衡的计算,论述了南水北调(中线)工程商洛水源地汇流量与商洛地区自身水量平衡的关系,得出2013水平年商洛地区所调出的水量为28.07亿 m^3 ,并以2013年为基准年预测出商洛地区2015～2030年的年用水总量逐年增长,到2030年商洛地区可以供给南水北调(中线)工程的最大可供水量为26.73亿 m^3 ,能够满足南水北调(中线)工程每年从商洛水源地调出约24.6亿 m^3 的水量要求。

(3)在对南水北调(中线)工程商洛水源地的经济社会发展的SWOT分析基础上,总结出商洛具有丰富的自然资源、良好的旅游环境、显著的区位优势,以及西部大开发所带来的机遇等优势,具有区内工业化程度低、土地资源稀缺、劳动力大量剩余和区内城乡居民收入偏低等劣势;同时关中—天水经济区的建立、商丹循环工业经济园区工程建设的启动以及商洛融入西安一小时经济圈为商洛地区的建设和发展提供了前所未有的大好机遇;但又存在因为保护水源地经济发展受到限制,由于政策、环境等条件的限制而导致人才竞争力较弱,思想观念落后等带来的威胁。

(4)在对南水北调(中线)工程商洛水源地水资源补偿的公共政策及移民分析的基础上,总结出对水源地进行补偿的公共政策主要有财政转移支付制度、建立水源地补偿专项基金、征收资源性税费、生态移民战略、经济合作政策等五个方面。

(5)在对南水北调(中线)工程商洛水源地进行补偿的必要性分析的基础上,分别从公共政策、发展受限、水源保护和资源调用等四个方面进行了论述,提出:公共政策允补偿,建立南水北调(中线)工程生态补偿机制有政策和实践基础;发展受限应补偿,商洛地区为了保护供水水源,经济发展将受到很大限制,放弃了许多可以发展的机会,因此应该补偿;水源保护需补偿,商洛市每年为了治理水土流失,处理生活污水、垃圾等污染源而投入大量资金,目前捉襟见肘的水环境治理经费远远不能满足需要,因此需要补偿;资源调用要补偿,在市场经济体制下,应遵循社会主义市场经济规律,把水视为资源,作为商品,认真研究水权、水价、水市场,用商品经济观念解译流域生态补偿机制,因此资源调用要补偿。

(6)提出了南水北调(中线)工程商洛水源地补偿的总体构想及主要方面。确定了总体构想为划分补偿范围,确定补偿的主体与客体(对象);研究适合商洛水源地现状的补偿内容,包括水源地保护补偿、扶贫开发项目补偿、产业结构调整补偿和民众生活水平提升补偿;从水源地保护补偿、扶贫开发项目补偿、产业结构调整补偿和民众生活水平提升补偿四个方面测算了商洛水源地保护补偿费用为 7.965 亿元/年,扶贫开发项目补偿费用为 1.2 亿元/年,产业结构调整补偿费用为 2.32 亿元/年,民众生活水平提升补偿费用为 4.023 亿元/年,共计 15.508 亿元/年;从理论层面研究了包括机会成本损失、经济红利损失和生态改善效应等在内的水源地间接补偿费用,建立其计算模型。从制定有效的公共政策(包括公共财政政策,税费和专项基金政策,税收优惠、扶贫与发展援助政策和经济合作政策),建立高效的管理体制(包括商洛水源地协调管理办公室和信息化平台等)方面给出了保障措施和建议;从社会、经济、生态三个方面进行了效益评价。

(7)在对南水北调(中线)工程商洛水源地补偿主要方式分析的基础上,提出加大财政转移支付力度、建立"资金横向转移"补偿、建立押金和执行保证金制度、建立环境保护税、征收统一的水资源保护费、设立商洛水源地生态补偿专项基金、税收优惠、扶贫开发与移民搬迁、完善政策法规、建立异地水源地经济技术开发区、投资兴建清洁型产业项目、开展人力资源培训与教育扶持、开展对口支援帮扶等方式。

(8)设计出南水北调(中线)工程商洛水源地进行有效补偿的政策框架及补偿组织管理运行体系。组建专门的管理机构——南水北调(中线)工程商洛水源地协调管理办公室,它是南水北调商洛水源地协调管理领导小组的办事机构,承担协调、管理南水北调商洛水源地补偿、保护的行政管理职能;从建立完善的补偿督导制度、建立有效的绩效考核制度、建立完善的资金人才制度、编制精准的补偿实施细则这四个方面建立健全补偿管理制度;并且通过建立信息化管理平台,使管理过程实现透明、科学、有效。

(9)对我国水土保持生态修复方式进行了技术集成,主要包括工程技术措施、非工程措施两方面,其中工程技术措施主要是退耕还林还草、修筑梯田、谷坊工程、鱼鳞坑、淤地坝、拦砂坝、护坡等;非工程措施主要是生态移民、剩余劳动力转移、颁布法律法规、加强管理、完善管理制度和管理措施等。

(10)提出了适合丹江流域水土保持生态修复的方式方法,构建了丹江流域水土保持生态修复的"二·四五·四"模式,其中"二"即将流域划分为河道内流域、河道外流域两个区域进行修复;"四五"即在河道外流域构建生态模式、工程模式、生态模式与工程模式合理配置、生态移民模式四种生态修复模式,建设退耕还林绿化带、滩地防护林带、梯田作物带、谷坊梯级防护带、道路绿化植被带五带;"四"即在河道内流域通过生态堤防、生物措施、水库优化调度、封堵排污口四种措施进行修复。

(11)在对南水北调(中线)工程商洛水源地补偿机制的有效运行提出保障措施及意见建议的基础上,提出加强领导、健全组织,明确目标、分步实施,广泛宣传、达成共识,政策配套、加大帮扶,完善制度、加强监督,整合资源、保证资金等六项保障措施;同时,提出更新思想观念,加大宣传力度,建立水生态系统修复评价体系,申请国家级南水北调补偿试点城市,启动节水工程项目建设,实施规模性扶贫开发移民,建设商洛保护与补偿性项目储备库等建议。

(12)从理念层面上基于马克思劳动价值理论、经济学原理、商洛水源地可持续发展,提出了在"一江清水送北京"基础上倡导"一江清水供北京"的科学理念,以支持商洛市政府争取省级财政和国家财政转移支付以及受水区的对口帮扶等多途径筹措商洛水源地发展补偿资金。

(13)在商洛水源地水量平衡及供水影响分析基础上建立南水北调(中线)工程商洛水源地补偿机制;在水土修复技术集成基础上提出了商洛水源地丹江流域水土保持适宜技术,并且建立了一套实现商洛水源地有效补偿的支持体系。

由于作者水平有限,书中可能有不足、疏漏、错误之处,敬请广大读者批评指正!

作 者
2015 年 1 月

目　录

第 1 章 总 论

南水北调(中线)工程以解决沿线 100 多个城市生活和工业用水为主要供水对象,兼顾农业用水及其他用水,是解决我国北方地区水资源严重短缺问题的重大战略措施。而在受水地区得到巨大的经济、社会效益的同时,建立跨地区的水源地补偿机制,使水源区人民在发展受限、资源调用和水源保护等方面得到应有的补偿势在必行。

本章主要论述研究的背景、意义、指导思想和原则,以及整个研究项目的内容与技术路线。

1.1 背景与意义

本节从我国水资源大背景入手,分别描述了我国南水北调工程概况、南水北调(中线)水源地现状、丹江口水库概况和各级领导对补偿制度建立的关注,然后引出了南水北调(中线)工程商洛水源地。最后阐述了建立南水北调(中线)工程商洛水源地补偿机制的意义。

1.1.1 背景

南水北调水源地补偿机制的提出,是在我国水资源这个大背景下产生的。水资源的现状产生了南水北调这一跨世纪的工程,它虽然解决了我国水资源分布不均匀的问题,但同时也带来了政治、经济等一系列水源地与受水区的矛盾,南水北调水源地补偿机制依据其背景现状,建立势在必行。其背景描述如下。

(1)我国水资源分布概况

我国水资源的自然分布,在时空、地区上极不均衡,南多北少,东多西少(见图 1-1)。长江及其以南地区集中分布着 81% 的水资源;北方地区人口占全国的 37%,土地占 45%,而水资源总量仅占全国的 12%。从人均占有量来看,人均占有淡水资源量南方最多,北方最少,可以相差 10 倍。随着人口增长和经济发展,我国北方缺水形势将更加严峻。尤其是京、津、华北地区,如遇连续干旱,几乎无潜力可挖,水资源形势将更加严峻。而长江每年有 1 万亿 m³ 的水流进大海。因此,南水北调是解决我国水资源不均衡的必然选择,也是党和国家延续了半个世纪的重大战略决策。

(2)南水北调工程概况

南水北调工程分东、中、西三条调水线路(见图 1-2),建成后与长江、淮河、黄河、海河相互连接,将构成我国水资源“四横三纵、南北调配、东西互济”的总体格局。南水北调(中线)工程从丹江口水库陶岔闸(河南南阳淅川)引水,经长江流域与淮河流域的分水岭方城垭口,沿唐白河流域和黄淮海平原西部边缘开挖渠道,在河南省郑州市附近通过隧道穿过黄河,沿京广铁路西侧北上,自流到北京、天津。输水干渠全长 1 273 km,向天津输水

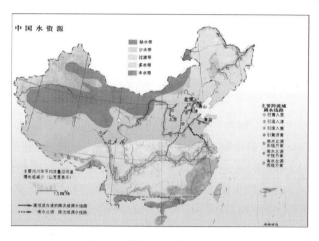

图 1-1　我国水资源分布概况

干渠长 154 km。年调水规模 130 亿 m^3。(中线)工程主要向河南、河北、北京及天津 4 省市供水,重点解决北京、天津、石家庄等沿线 20 多座大中城市的缺水,并兼顾沿线生态环境和农业用水。(中线)工程分二期实施,一期工程建设主要目标:丹江口水库大坝加高,从丹江口水库自流引水,到北京、天津。(中线)一期工程平均每年可调水 95 亿 m^3。

图 1-2　南水北调工程

(3)南水北调(中线)水源地现状

南水北调(中线)工程水源地和主要流域地区均在陕南的汉江和丹江流域。规划实施中的南水北调(中线)工程,调水方案为通过丹江口水库将汉江、丹江水蓄积北调,经鄂豫两省西部山地,北上到河南省花园口黄河段,再从黄河花园口调向北京,具体调水线路见图 1-3。南水北调(中线)调水量的 70%(大约 256 亿 m^3)的水来自于陕西境内的汉江、丹江及其支流。因此,陕西肩负着保护南水北调(中线)工程水源地水质安全和水源涵养的重大责任,涉及 5 市 31 县区。为了确保南水北调工程水源安全,2005 年 12 月 3 日陕西省第十届人民代表大会常务委员会第二十二次会议通过了《陕西省汉江、丹江流域水污染防治条例》,并于 2006 年 3 月 1 日开始实施,商洛市在水源保护区采取了关停污染工业、植树造林、修复植被等措施,对保护水质、涵养水源起到了重要的作用。

图 1-3 　南水北调(中线)工程调水线路

(4)丹江口水库概况

丹江口水库地处汉江、丹江汇合处(见图 1-4)。东起市区,西至郧县西岭下,南起浪河镇、武当镇,北到河南淅川县,面积 740 km²,正常蓄水库容 174.5 亿 m³。进入库区深处,水天一色,一眼难尽水边,库区是片人工海洋,当地人称之为"水太平洋"。丹江发源于秦岭地区(陕西省商洛市西北部)的凤凰山南麓,在商洛境内全长 264 km,在湖北丹江口市注入汉江。丹江口市辖区内的丹江口水库是全国最大淡水人造湖泊,作为我国南水北调工程水源地,其水质的好坏直接关系到工程的成败。

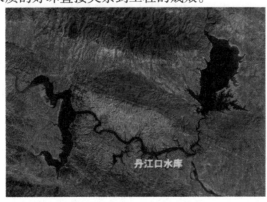

图 1-4 　丹江口水库卫星图

（5）各级领导对补偿制度建立的关注

温家宝总理在 2006 年 4 月 17 日召开的第六次全国环境保护大会上的重要讲话中明确提出,"要按照'谁开发谁保护、谁破坏谁恢复、谁受益谁补偿、谁排污谁付费'的原则,完善生态补偿政策,建立生态补偿机制"。在 2007 年、2008 年全国人大、政协两会上,许多代表、委员,多个民主党派都关注着生态效益补偿。2007 年,陕西省的全国人大代表黄玮、田杰、魏民洲等,在全国人大会上联名向国家提出建立南水北调（中线）水源地水资源保护补偿机制,保护汉江、丹江的生态环境,确保一江清水送北京。全国政协副主席徐匡迪认为,陕西向国家要水源补偿是应该的,对确保一江清水供北京的目标实现也是必要的。在 2008 年两会期间,全国政协常委、陕西省政协原主席安启元,在提案中大力呼吁建立南水北调生态补偿机制,对陕西汉江、丹江水源地进行保护和补偿;何晓红等 30 名全国人大代表建议按照"谁受益谁补偿"的原则,尽快建立水源地生态保护和水资源补偿机制。2009 年,全国人大常委会副委员长韩启德,国务院南水北调办公室主任张基尧先后率调研组来商洛市,就南水北调（中线）工程环境保护等相关工作进行检查调研。

（6）世界各国越来越重视水资源补偿的理论研究与实践探索

水资源补偿机制是以保护生态环境,确保水资源水量与质量的可利用性,促进人与自然和谐发展,实现区域经济的可持续发展为目的,根据生态系统服务价值、生态保护成本、发展机会成本,运用政府和市场手段,调节生态保护利益相关者之间利益关系的公共制度;在当前全球水资源紧缺条件下,跨流域调水已成为解决水资源分配不均的重要手段,但随之而来的水源地保护与补偿问题,也越来越引起人们的重视。保护丹江口水库及上游地区的水质,加强生态环境建设,对确保南水北调（中线）工程水质安全、实现水资源可持续利用、促进经济社会可持续发展具有重要意义。因此,要调水工程永久发挥效益,确保工程水质和水量满足受水区经济发展需要,就必须按照社会主义市场经济规律,建立南水北调（中线）工程的水源地生态与水资源补偿机制,实现输水区和受水区和谐发展、可持续发展的目标。本书以南水北调（中线）工程水源地（见图 1-5）——陕西商洛市为研究对象,研究其生态保护和经济发展补偿机制。

1.1.2 意义

（1）确保"一江清水"的可持续性。丹江口水库水质主要受商洛地区点源污染和面源污染的影响。水土流失既可直接挟带大量可溶性化学成分的污染物进入江河、水库,也可以将吸附了大量有害化学成分的泥沙带入水库,在水体中释放,污染水质。水土流失的变化与地方经济发展和群众生活的改善息息相关,如果不能很好地改善当地群众的生活,加快地方经济发展,严重的水土流失就不可能有效遏制。因此,生态环境对南水北调（中线）工程的影响是根本的,非常深远的;尽管丹江口水库水质现状良好,但是上游拦蓄的泥沙最终仍将会进入丹江口水库,造成水库泥沙淤积,影响水库水质。出台相关配套政策,从用水区经济效益中抽取一部分对水源区进行补助,加大对其沿岸生态环境保护和经济发展的支持力度,扶持地方加快产业结构调整,保证"一江清水"的可持续性。

（2）体现马克思的劳动价值论。水以流域为单元,流域上、下游既有用水的权利,又有共同保护水资源和水环境的责任和义务。由于南水北调工程建设将丹江口水库上游水

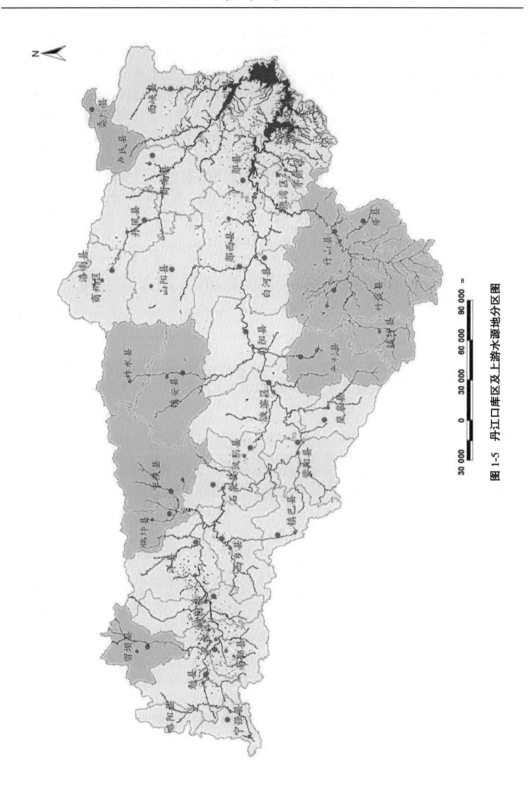

图 1-5 丹江口库区及上游水源地分区图

源地与京津地区形成了上游输水区和下游受水区,上游的生态建设和水资源保护得好坏直接关系到向下游受水区供水的保证率和供水安全。一条清洁的汉江、丹江,不仅是上游1 000多万群众生存发展的需要,也是下游京津地区群众饮水安全、经济社会可持续发展不可缺少的条件和保证。长期以来,输水区内的群众在水资源保护建设过程中凝聚了大量劳动成本,使得水资源已经具有相当的劳动价值,用水地区的人民在用水的同时占用着水源区人民的劳动价值及发展机会成本,通过适当的方式对水资源的利用进行补偿,这符合马克思的劳动价值论。

(3)支持区域经济社会可持续协调发展。补偿是对保护的支持,保护是补偿的目标,补偿的目的在于调动保护的积极性,保护实施是补偿的一种方式,补偿是对区域公共资源分配制度的承认,是社会主义市场经济条件下资源分配制度的完善。因此,研究水源地输水补偿机制,建立一种长效生态与水资源保护和经济协调发展补偿投入制度及运行方式,搭建公共政策支持和服务平台,对于加快南水北调(中线)商洛水源地生态环境恢复和有效保护水资源,为商洛经济社会发展争取政策支持、资金支持,支撑全流域经济社会可持续协调发展具有十分重要的意义。

1.2　指导思想与原则

本节阐述了研究报告的指导思想和原则,给出了实现研究成果的技术路线图,指明了本研究所要实现的内容及目标。

1.2.1　指导思想

本研究以科学发展观为指导,坚持以人为本,统筹兼顾,树立和落实实事求是的思想,以推动区域生产发展、人民生活富裕和生态良好为目标,通过经济结构调整、转变经济增长方式,建立资源节约型和环境友好型的"两型"社会,站在保障南水北调工程顺利实施的高度,正确处理局部与全局、地方与中央、经济发展与环境保护的关系,建立动态的南水北调(中线)商洛水源地生态保护和经济发展补偿机制及保障体系,促进水源地和受水区的社会、经济、环境的全面协调可持续发展。

1.2.2　指导原则

南水北调(中线)商洛水源地补偿机制研究基于生态环境价值论、外部性理论及公共物品理论三大理论,坚持社会主义市场经济商品价值规律,确定保护和补偿二者的关系,合理确定水资源补偿价格和经济补偿方式;遵循商品交换的一般规律,按质论价,优质优价,依法合理制定补偿标准,并随着经济的发展不断调整和提高;坚持实事求是的原则,在不影响受水区经济发展的同时,最大限度地帮助输水区的经济发展。

1.3　研究内容与技术路线

本节叙述了南水北调(中线)商洛水源地补偿机制研究各章节的内容,以及本研究的技术路线。

1.3.1　研究内容

（1）总论

本章主要论述研究的背景、意义、指导思想和原则，以及整个研究项目的内容与技术路线。

（2）国内外水资源补偿机制研究与实践现状

本章主要通过阐述国内与国外生态补偿机制研究现状，列举当前国内外生态补偿案例，来分析当前国内水资源补偿中存在的问题并提出相关建议。

（3）南水北调（中线）工程商洛水源地概况

本章主要介绍了商洛水源地的自然地理概况，用 SWOT 分析法分析了商洛经济发展的态势，最后对商洛市的发展提出了建议。

（4）南水北调（中线）工程对商洛水源地社会发展的影响分析

本章主要介绍了南水北调工程的概况及其效益分析，描述了南水北调（中线）水源地概况，计算分析了商洛水源地水资源供需平衡，以及南水北调（中线）对商洛地区的影响，最后介绍了对商洛补偿的现状。

（5）我国水源地补偿公共政策研究

本章在对国家相关补偿公共政策及法律分析的基础上，针对水源地公共政策补偿途径做了五个方面的研究。

（6）南水北调（中线）工程商洛水源地补偿体系内容

本章分析了补偿的必要性，确定了补偿的原则，划定了补偿的范围、明确了补偿的主体与客体，分析了需要的补偿内容，计算了公平的补偿费用等。

（7）我国流域生态修复技术集成研究

本章旨在对我国水土保持生态修复进行技术集成，叙述了目前国内外较为成熟的生态修复技术措施。

（8）南水北调（中线）工程水源地丹江流域生态修复模式构建

本章在对我国生态修复技术集成的基础上，提出了适应丹江流域的"二·四五·四"模式。

（9）南水北调（中线）工程商洛水源地补偿管理体系研究

本章通过分析我国管理现状，结合商洛实际情况，论述补偿管理体系的构建以及水源地信息化平台的建立，达到高效制定及管理补偿政策及资金的目的。

（10）南水北调（中线）工程商洛水源地补偿评价体系及保障措施

本章介绍商洛水源地补偿政策作用结果评价的方法，以及政策实施所需的保障措施。

1.3.2　技术路线

根据研究总体内容，本研究的技术路线如图 1-6 所示。

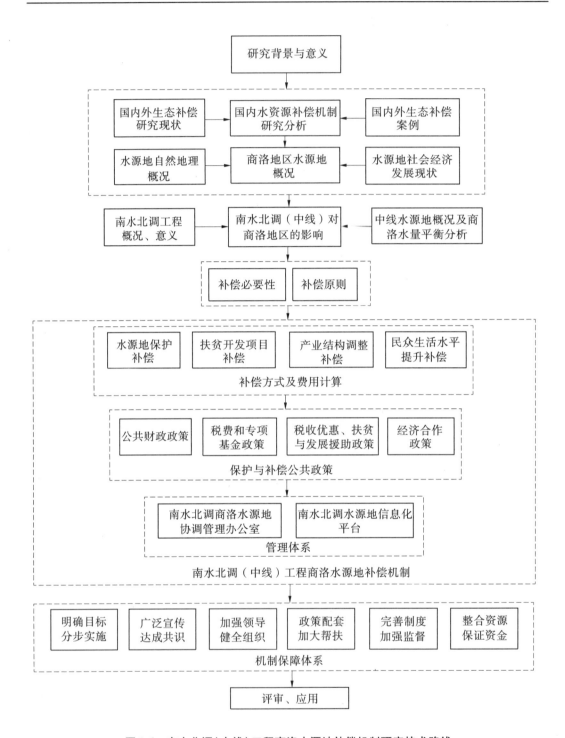

图1-6 南水北调(中线)工程商洛水源地补偿机制研究技术路线

第 2 章　国内外水资源补偿机制研究与实践现状

近年来,随着人口规模的持续膨胀和生产力的快速发展,区域间自然资源、生态环境与发展之间的矛盾日益凸显,资源补偿问题随之日益受到社会各界的广泛重视,并成为亟待解决的问题之一。"他山之石,可以攻玉",本章主要通过阐述国内与国外生态补偿机制研究现状,列举当前国内外生态补偿案例,来分析当前国内水资源补偿中存在的问题并提出相关建议。

2.1　国内外水资源生态补偿理论与应用研究

关于生态补偿的概念,国内许多学者和政策制定者做了大量的探索和研究,从不同视角给出了一些不同的定义和理解。这里生态补偿概念界定的目的并不是谋求各界对此问题完全一致的赞同,而是在本研究中为后面的理论分析和政策途径的提出找到一个最基本的、合理的支持和解释。

对生态补偿概念主要有两种不同层次和方向的理解和认识。这种理解和认识的差异的关键点在于"应该补偿谁或者说应该向谁补偿"。一种理解认为:生态补偿就是对生态环境本身或生态环境价值或生态服务功能的补偿,这也是对生态补偿词义的一种直观解释。在这种理解下,生态补偿就表现为"人—物"甚至"物—物"关系。如果把自然资源或生态环境看作生产要素,那么在这种定义下,生态补偿就仅仅是对相关生产力的一种调整和促进。另一种理解认为:生态补偿是将生态保护的外部性内部化,是一种对行为或利益主体(自然人/法人或利益集团)的补偿。在这种理解下,生态补偿实质上表现为"人—人"关系,而不是简单或直接的"人—物"或"物—物"关系。那么,生态补偿就不是对相关生产力的直接调整或促进,而是对相关生产关系的调整和改善。这是一种对生态补偿更深和更高层次的理解,这种理解实际上也更有利于在实践中具体政策的制定和选择。

北美和西欧等发达国家早已开展了广泛、深入的流域生态补偿理论和实践研究,在补偿规划、补偿标准制定、补偿管理及实施操作上积累了丰富的经验,相比之下,我国的流域生态补偿理论研究与实践尚处于初步探索阶段。综述国内外流域生态补偿理论和实践的研究成果,对建立和完善我的补偿机制,提高我国补偿的效力、效果都是十分必要的。

2.1.1　国外水资源生态补偿研究

在理论方面,哥斯达黎加 1995 年就开始进行环境服务支付项目(Payments for Environmental Services (PES) Program),成为全球环境服务支付项目的先导。英国伦敦的国际环境与发展研究所(International Institute of Environment and Development,IIED)、美国的森林趋势组织(Forest Trends)分别就环境服务市场及其补偿机制在世界范围内对自发或政府组织推动的案例进行研究和诊断，以作为理论探讨和市场开发的依据。

据世界银行环境局斯台方诺·巴乔拉（Stefano Pergola）的报告，世界银行环境服务补偿项目正在进行中的项目主要包括：哥斯达黎加的生态市场项目；哥伦比亚、哥斯达黎加、尼加拉瓜等国的区域综合森林牧场生态系统管理项目；危地马拉的西部高原自然资源管理项目等。另外，准备中的项目有：墨西哥的全国环境服务补偿方案的技术协助；委内瑞拉的卡内马国家公园项目；南非的 CAPE 环境保护行动方案；多美尼加、厄瓜多尔、萨尔瓦多等国的环境服务补偿试点项目等。世界混农林业中心也开展了亚洲山区贫困农民生态服务补偿项目（RUPES，Rewarding Upland Poor for Environment Services）。这一项目旨在减少亚洲山区的贫困，改善生活生计，保护山区环境，同时支持在全球和地区范围内的环境保护。

在实践方面，许多国家对生态补偿进行了有益的探索与尝试，并取得一定的成果。

（1）美国在生态补偿上主要由政府承担大部分资金投入。在流域保护方面，政府为加大流域上游地区农民对水土保持工作的积极性，采取了水土保持补偿机制，即由流域下游水土保持受益区的政府和居民对上游地区做出环境贡献的居民进行货币补偿。在生态森林养护方面，美国采取由联邦政府和州政府进行预算投入，即选择"由政府购买生态效益、提供补偿资金"等方式来改善生态环境；在土地合理运用方面，政府购买生态敏感土地以建立自然保护区，同时对保护区以外并能提供重要生态环境服务的农业用地实施"土地休耕计划"（Conservation Reserve Program）等政府投资生态建设项目。为此，美国政府通过农业部每年要支付约 150 亿美元的退耕补偿金，平均补偿金额为每年 116 美元/hm²（约 64 元/亩）。退耕的土地，60% 转为草地，16% 转为林地，5% 转为湿地。

（2）墨西哥在 2003 年由政府成立了一个价值 2 000 万美元的基金，用于补偿森林提供的生态服务。补偿标准是：对重要生态区每年支付 40 美元/hm²，对其他地区每年支付 30 美元/hm²。

（3）在德国，生态补偿机制最大的特点是资金到位，核算公平。资金支出主要是横向转移支付。所谓横向转移，就是由富裕地区直接向贫困地区转移支付。换句话说，就是通过横向转移改变地区间既得利益格局，实现地区间公共服务水平的均衡。横向转移支付的一个重要特点是州际间横向转移支付，它以州际财政平衡基金为主要内容。

（4）以色列的生态补偿采用水循环利用的方式，即"你出来多少，我经过处理后再给你反馈多少"。这种做法称为"中水回用"。通过这种方式，占全国污水处理总量 46% 的出水可直接回用于灌溉，其余 32.3% 和约 20% 分别回灌到地下和排入河道。回用流程是：城市污水收集→传输到处理中心→处理→季节性储存→输送到用户→使用及安全处置。这样，以色列 100% 的生活污水和 72% 的城市污水得到了回用。

（5）荷兰（MANFMHPE，1993）的生态补偿做法是：首先，在大规模的基础设施建设和类似的开发决策方面提高对自然保护行业的投入；其次，当一项既定的开发项目开始实施时，生态补偿为自然开发条件下的生态受害者提供补偿。

从以上分析看，生态补偿在国内外研究尚处于早期阶段，但很多国家都广泛地进行了尝试。特别是国外，在生态补偿方面侧重于生态补偿中微观主体的行为与选择的问题的研究，在补偿的经济原因、市场化的补偿途径、补偿机制等方面取得了一定的成果。

2.1.2　我国水资源生态补偿研究

在理论探索层面,国内生态补偿研究主要侧重从宏观角度考虑生态补偿政策的实施问题,以经验探讨为主,对补偿的理论基础、补偿的主体和对象、公共财政的补偿途径、补偿资金的筹集渠道、补偿标准等方面进行了研究。主要观点有:

(1)完善的强有力的补偿制度。能提供大量资金,解决利益矛盾,促进生态建设和环境保护顺利开展;能成为环境保护的动力机制、激励机制和协调机制。同时,对补偿不足的危害性、补偿制度建立的必要性、补偿的作用、补偿的性质、补偿的对象、补偿的标准、补偿的主体、补偿的组织体系等做了富有启发性的探索;对在缺乏资金和技术时,如何有效地进行补偿活动,做了创造性的探索。

(2)围绕生态补偿中融资的三个基本要素,即用什么资本融资、以什么方式融资、如何高效融资进行系列研究,为生态融资活动提供理论指导和行动策略。在研究生态补偿除筹集资金外其他重要功能的同时,围绕补偿主体、补偿依据、补偿数量、补偿形式、补偿征收、补偿使用、补偿监管等生态补偿有关环节问题进行研究,为建立流域生态补偿机制提供一定的借鉴意义。

(3)提出"生态补偿机制是自然资源有偿使用原则的具体体现"。从流域生态补偿、森林资源生态补偿等领域论述了流域上、下游之间的利益冲突及对此项制度的不同立场,并对我国关于生态补偿机制的立法及缺陷提出了一些建设性意见。

(4)从可持续发展的角度重点研究了生态补偿机制的模式,包括财政转移型生态补偿机制、反哺式生态补偿机制、异地开发生态补偿机制、公益性生态补偿机制及生态补偿机制的配套机制。

(5)必须建立西部全方位的生态补偿机制,包括中央财政转移支付的西部生态补偿基金、地方财政的环境政策体系、开发者补偿与受益者补偿双向调节机制、生态破坏者赔偿与生态保护者获偿的对称机制、对生态破坏受损者与减少生态破坏者双向补偿机制、保护生态环境与消除贫困联系机制和生态补偿监测评估机制等。在构建完整的生态补偿机制分析框架的基础上,通过分析我国现行生态补偿政策的实施情况及存在的问题,总结了退耕还林、退牧还草的实践经验,探讨了建立健全农业生态建设补偿机制的途径,并提出相应的政策建议。

(6)运用外部性原理和供求关系图对退耕还林中进行生态补偿的必要性和意义进行了论证,也对我国现有的生态补偿制度进行了剖析;指出了现有规定存在可操作性差、补偿主体单一、补偿标准不科学等问题,并提出了相关的完善对策,以及通过建立模型设计制定科学补偿标准的测算方式。

在实践方面,也已经开始逐步实施。主要体现在以下两个方面:

(1)法律法规建设

《国务院批转国家体改委关于1992年经济体制改革要点的通知》指出:"要建立林价制度和森林生态效益补偿制度,实行森林资源有偿使用。"1992年9月10日的《关于出席联合国环境与发展大会的情况及有关对策的报告》中第7条"运用经济手段保护环境"也强调提出"按资源有偿使用的原则,要逐步开征资源利用补偿费,并开展对环境税的研究"。1993 年的国务院《关于进一步加强造林绿化工作的通知》中指出:"要改革造林绿化资金投入机制,逐步实行征收生态效益补偿费制度。"1998 年 7 月 1 日新修改的《中华人民共和国森林法》规定:"国家建立森林生态效益补偿基金,用于提供生态效益的防护林和特种用途林的森林资源,林木的营造、抚育、保护和管理。"2000 年国务院颁布的《中华人民共和国森林法实施条例》规定:防护林、特种用途林的经营者有获得森林生态效益补偿的权利。这在法律上确保了生态补偿制度的实行。从 2001 年起,国家财政拿出 10 亿元在 11 个省进行试点,还拿出 300 亿元用于公益林建设、天然林保护、退耕还林补偿、防沙治沙工程等。另外,《中华人民共和国水法》、《中华人民共和国矿产资源法》、《中华人民共和国渔业法》、《中华人民共和国土地管理法》等相关法律法规对生态补偿制度也作了相应的规定。在 2004 年,国家林业局宣布从本年度开始,我国每年拿出 20 亿元,对全国 4 亿亩重点公益林进行森林生态效益补偿。补偿基金是对重点公益林进行营造、抚育、保护和管理的管护者给予一定的资金补偿;补偿标准是平均每年每亩 5 元。这就意味着我国从无偿使用森林生态效益进入到有偿使用的新阶段。目前,我国已划定了 15.39 亿亩重点公益林。

(2)退耕还林(草、竹)工程

退耕还林(草、竹)工程是我国最有影响的生态补偿实践活动。该工程从 20 世纪 70 年代开始,分为三个阶段。第一阶段(20 世纪 70 年代至 80 年代)是以建设用材林为主的退耕还林时期;但从生态环境脆弱性角度看,由于没有选择水土流失严重的中低山区进行退耕,因此生态效益不明显。第二阶段(20 世纪 80 年代至 90 年代)是以营造经济林为主的退耕还林时期。第三阶段是目前正在进行的退耕还林工程,也是以营造生态经济林为主的新阶段。根据国务院西部开发领导小组办公室委托中国国际工程咨询公司最近完成的退耕还林中期评估报告,退耕还林工程的实施实现了由毁林开垦向退耕还林的转变,有效遏制了我国生态恶化的趋势,改善了生态环境,为人们的生活环境构筑了生态安全体系。退耕还林工程已经初步改善了工程区的生态环境。

在生态效益的经济补偿研究方面,我国目前尚处于初始阶段,研究内容的重点主要表现在以下几个方面:生态补偿的基本理论和方法;生态建设补偿的途径、方式和补偿的基础及保障体系的探讨;差异化的生态区补偿的个案研究;结合国家生态保护建设工程开展生态补偿问题研究;生态补偿机制、体制和制度等研究;生态补偿的立法探索;生态补偿的标准和机构协调问题研究;流域内生态补偿问题的初步探讨等。在区域生态研究方面比较薄弱,研究成果不多,还需要进一步完善区域生态补偿机制,特别是为水源地区提供生态建设资金,解决水源地区面临的生态建设困境,为水源地区的生态建设补偿建立长效机制,促进区域协调发展。

2.1.3 我国"三大工程"补偿分析

三峡工程、西气东输、西电东送等一系列国家重点工程开发的是西部资源,影响的是西部自然生态环境,受益目标则是东部和全国。西部贡献的是资源和环境,所获利益则是在资源开发中短暂的就业机会及部分来自落户西部相关企业的税收,较之前者而言,其获益可谓微不足道,与其做出的贡献极不相称。无疑,这些项目的实施为国家能源安全做出了极大的贡献,也应当对西部的环境、国家的生态安全做出应有的补偿。

(1)三峡工程补偿

三峡电站(见图 2-1)建成后,是目前世界上规模最大的水电站,装机总容量 1 820 万 kW,主要供华中、华东地区,少部分送往四川东部地区,项目业主是中国长江三峡开发总公司。2004 年,三峡电站累计发电量高达 380 亿 kWh,实现销售收入 73.63 亿元。三峡库区直接受淹人口(指房屋被淹的人口,以下同)84.62 万人,淹没耕地 25.73 万亩、园地 11.02 万亩、河滩地 5.8 万亩,受淹城镇(城市、县城)13 个、集镇 114 个,受淹工矿企业 1 599 家,此外,还涉及淹没区的各类专业设施。根据淹没性质,需进行水库淹没处理及移民安置规划的县(市、区)有:湖北省的宜昌县、秭归县、兴山县、巴东县,四川省的巫山县、巫溪县、奉节县、云阳县、开县、天城区、龙宝区、五桥区、忠县、石柱县、丰都县、涪陵市、武隆县、长寿县、江北县、巴县。

图 2-1　长江三峡水利枢纽工程

在理论研究方面,三峡库区生态环境总体良好,但是基础还比较薄弱,三峡库区段每年侵蚀产沙 1.57 亿 t,相当于减少 30 cm 厚土层的土地 104 万亩,入江泥沙 4 000 万 t。而宜昌以上各类水利工程总库容为 166.74 亿 m³,平均每年淤积 3 亿 m³,照此速度,只需 55.6 年总库容将被淤满。而三峡库区治理水土流失的资金来源十分困难。目前,国家用于该市治理水土流失的投资每年 6 000 万元左右,完成三峡库区治理水土流失面积仅 400 km² 左右,单位面积投资最高 15 万元,仅能达到初步治理水平,"按此速度要完成三峡库区治理还需 60 年左右的时间"。

由此,三峡生态补偿正在进行新的工作。按照"谁开发谁恢复、谁受益谁补偿"的原则,对库区生态环境实施补偿,从三峡发电收入和长江中下游地区上缴税收中提取一定比例的资金,建立库区生态环境补偿基金,采取统一划拨、专款专用,对库区生态建设和环境保护进行扶持:

①三峡建设总公司作为三峡工程的开发建设业主,承担着在三峡工程开发建设中和三峡水库形成后,所引发的库区生态环境一系列问题的主体责任,从发电收益中拿出一部

分钱来恢复、建设、治理三峡库区的生态环境。

②长江中下游受益地区,对三峡库区给予必要的生态补偿,国家可根据库区付出的经济代价和生态环境保护建设负担能力不足的实际,按照受益地区的受益程度,出台相应的政策。

③从移民、库区和谐稳定的角度考虑,国家可考虑从每年的财政增收中划出一定份额,给予库区生态环境建设与保护必要的特殊支持。

④库区地方各级政府每年按一定比例适当安排。

在实际补偿方面:三峡工程现在已经完成的补偿为库区移民补偿,主要在以下三个方面进行补偿:

①对因水库兴建而受到损失的移民个人财产进行补偿。移民的房屋及附属构筑物,零星经济林木,小型水利设施和集资兴建的公共物业按淹没实物调查时的指标计算补偿费并直接拨付给移民个人。村组副业补偿费除按实物指标计算外,还包括停产损失补助。

②对移民生产、生活资料恢复或重建的补偿。农村移民的土地补偿费、安置补助费和基础设施费测算到人,划拨给安置区政府。安置区政府负责调整调拨土地给移民承包,并要做好宅基地分配和基础设施建设工作,包括宅基地平整及道路、低压输电线、给排水管网、通信和广播线路建设等。城镇、工矿企业也要通过补偿得到迁建和发展。

③对公用设施的恢复或重建补偿。通过补偿三峡库区的公路、水库周边人行道、人行桥及人行渡口不仅得到重建,而且其规模和标准也有较大提高;城镇基础设施包括道路、给排水、输气管道、防洪护岸、绿化、输变电、邮电通信和广播电视等按扩大指标得到复建,公路汽渡、港口码头等专项设施进行改建或复建。

(2)西气东输资源补偿

西气东输工程西起新疆轮南,东至上海白鹤镇,全长4 000 km,输气管道初期计划年输气量120亿m³,服务目标为位于长江三角洲的上海市、江苏省和浙江省以及管道沿线的河南省和安徽省(见图2-2)。西气东输工程将加快长江三角洲地区产业结构的调整。当东输之气每年达到200亿m³时,相当于提供2 000万t原油,折合标准煤2 660万t;如果全部用于化肥生产或者燃气发电,每年可以加工合成氨1 500万t,可以发电1 000亿kWh。该项目业主是中国天然气石油集团公司。

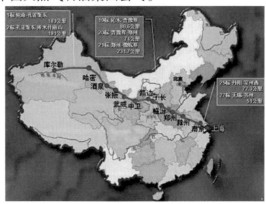

图2-2　西气东输天然气管道走向示意图

在理论研究方面,根据天然气补偿的实际情况,专家们普遍认为补偿费用偏低,不能满足对当地经济和生态补偿的要求。在此问题上,国家对西气东输补偿方式正在进行新的研究,内容如下:

①针对我国能源高度短缺的状况,参照国际标准,大幅度提高我国天然气等矿产资源补偿费标准,由原来的1%调整到10%左右,并将其更名为矿产资源绝对补偿费。

②将原来的矿产资源税由从量税改为从价税,并更名为矿产资源级差补偿费。把从量税改为从价税并实现税费合一,既能更准确地体现矿产资源所有者与使用者之间的经济关系,也保证了矿产资源使用者之间以及采掘业与其他行业之间平等竞争的经济关系。

③由于按现行矿产资源法,资源税是地方税种,取消资源税后,为减少地方财政收入的损失,建议在矿产资源补偿费的分配比例中,适当提高地方分成比例。可以考虑绝对补偿费归中央,级差补偿费归地方。

④在矿产资源开发中要照顾当地群众利益。尽快建立矿产资源开采企业对开采地环境破坏补偿机制,国家应规定中央企业上缴开采地的税收比例,所有矿产资源开采企业不论企业所属地在哪里,都应在矿产资源开采地登记注册,就地缴纳所得税。

⑤建立科学民主的矿产资源开发项目可行性论证制度。诸如西气东输这样的工程,一定要经过经济学家、社会学家、地质学家、工程技术人员等多方面专家的科学论证,确定合理的矿产资源补偿标准,协调好中央政府和地方政府、国家和企业、企业与消费者等各方面的利益关系。不能边施工边论证,更不能不论证就施工。

在实际补偿方面,国务院1994年出台了《矿产资源补偿费征收管理规定》,并从1994年4月1日起正式施行,西气东输按每年200亿 m³、持续30年计算,如果每立方米的价格是1.27元,资源补偿费标准为1%,总额有76.2亿元;而按5:5分成,西部能够得到38亿多元。

(3)西电东送项目补偿

西电东送工程主要是把贵州、云南、广西、内蒙古等西部省区的电力资源输送到电力紧缺的珠江三角洲、沪宁杭和京津唐工业基地(见图2-3)。项目业主是国家电力公司(国家电网公司)。从1993年到2004年9月底,广东共收到西电1 001.89亿 kWh。西电送粤平均落地电价0.309元/kWh,按西电东送落地电价每千瓦时比广东上网电价便宜的幅度计算,广东节约用电投入达数十亿元甚至上百亿元。

在理论研究方面,国家正在开展新的补偿方式的研究,即建立区域间生态补偿机制,主要有以下结论:

①按照"受益者付费"原则,在电力消费环节征收生态补偿税,以不同税收返还方式实现区域间生态补偿机制的建立。针对税收使用方式的模拟结果表明:不同的税收使用和返还方式将对电力消费税的征收效果产生很大的影响。

②按照"破坏者受罚"原则,在电力生产环节征收环境税。在电力生产环节征收生态补偿税对各地区的经济都有一定积极的影响。

在实际补偿方面,西电东送工程严格按照《中华人民共和国土地管理法》和有关文件精神,拟订了具体的征地工作方案,确定征地补偿标准、范围和时限,并将标准公告,接受群众的监督。征地工作实现了三个到位(人员到位、工作到位、措施到位)和一个保证(保

图 2-3　西电东送主要路线

证将征地补偿资金和附着物补偿资金足额发放到被征地农民手中,不截留、挪用、挤占补偿费,更不给农民打白条)。同时,公安、司法、国土、城建、林业等部门自始至终相互协调配合,加快了征地进度。

2.2　国内外水资源补偿案例分析

　　生态补偿已经在世界范围内广泛开展,无论是在理论基础研究、价值化研究,还是在实践研究方面,国内外学者都提出了有益的建议,这对于促进生态服务市场化、为生态建设筹资、改善生态质量、增强人们的生态保护意识等起到重要作用,并积累了不少经验。而我国生态补偿机制的提出,是在国内政治、社会、经济和法律基础条件成熟的情况下发育并逐步得以重视和实施的。生态补偿已成为中国重要的环境经济政策和发展战略之一,社会、经济、环境发展到一定阶段的必然选择。通过国内外生态补偿综述及国内外水资源补偿案例的列举分析,可以对南水北调工程水源地补偿研究提供参考。

2.2.1　国外补偿案例分析

　　目前,水资源补偿框架已经在许多国家建立,现以德国、美国、厄瓜多尔、日本和哥斯达黎加的流域生态补偿为例,介绍国外的流域生态补偿。国际上关于流域生态补偿的理论与实践为我国研究与实践提供了借鉴。

2.2.1.1　德国流域生态补偿

　　在德国的流域生态补偿实践中,比较成功的例子就是易北河的生态补偿案例。该案例是通过收取排污费、财政贷款、提供研究津贴、下游对上游提供经济支持进行补偿。

　　易北河(见图 2-4)贯穿两个国家,上游在捷克,中下游在德国。1980 年前从未开展流域整治,水质日益下降;1990 年后,德国和捷克达成共同整治易北河的协议,成立双边合作组织。整治的目的是长期改良农用水灌溉质量,保持流域生物多样性,减少流域两岸排

图2-4　易北河

放污染物。

双方设置了8个专业小组:行动计划小组负责确定、落实目标计划;监测小组确定监测参数目录、监测频率,建立数据网络;研究小组研究采用何种经济、技术等手段保护环境;沿海保护小组主要解决物理方面对环境的影响;灾害小组的作用是解决化学污染事故,预警污染事故,使危害减少到最低限度;水文小组负责收集水文资料数据;还有从事宣传工作,每年出一期公告,报告双边工作组织情况和研究成果的公众小组以及法律政策小组。

2000年的整治目标是:①易北河上游水质经过滤后能达到饮用水标准;②不影响捕鱼业,河内鱼类要达到食用标准;③河内有害物必须达标,河水可用于灌溉。经整治,目前易北河上游水质已基本达到饮用水标准。根据双方协议,德国在易北河流域建起了7个国家公园,占地1 500 km²。流域两岸有200个自然保护区,禁止在保护区内建房、办厂或从事集约农业等影响生态保护的活动。2001年的工作目标是:使易北河淤泥可作为农业用料;使生物品种多样化。

在易北河流域整治的过程中,德国多方筹集资金和经费。易北河流域整治的经费来源如下:一是排污费。居民和企业的排污费统一交给污水处理厂,污水处理厂按一定的比例保留一部分资金后上交国家环保部门。二是财政贷款。三是研究津贴。四是下游对上游的经济补偿。2000年,德国环保部拿出900万马克(约4 500万元人民币)给捷克,用于建设捷克与德国交界的城市污水处理厂,使德国和捷克在满足各自发展要求的同时,实现了互惠互赢。据有关资料,整个项目的完成约需要2 000万马克(约1亿元人民币)(2000年的价格)。现在,易北河水质已大大改善,德国又开始在三文鱼绝迹多年的易北河中投放鱼苗并取得了可喜的成绩。经过一系列的整治,目前易北河上游的水质已基本达到饮用水标准,取得了明显的经济效益和社会效益。

2.2.1.2　美国流域生态补偿

在美国,流域生态补偿实践的典型代表是纽约市与上游Catskill流域(位于特拉华州)之间的清洁供水交易。该案例是通过对用水户征收附加税、发行公债及信托基金等方式筹集补偿资金,并通过投资购买上游流域的生态环境服务进行补偿。

纽约市作为世界上最大、最富有的城市之一,其水资源供应来自城市北部 Catskill 山区。水质天然优质,无须处理或过滤就可作为饮用水。然而,到 20 世纪 80 年代末,Catskill 流域内农业生产的变化和其他方面的发展(如非点源污染、污水污染、土壤侵蚀等)都对水质造成了威胁。

1989 年美国环保局要求,所有来自于地表水的城市供水,都要建立水的过滤净化设施,除非水质能达到相应要求。纽约市的水资源规划者经过估算得出,如果要建立新的过滤净化设施,仅建设费用就需耗资 40 亿~60 亿美元,再加上每年大约 2.5 亿美元的运行成本,费用总现值将为 80 亿~100 亿美元;另一种选择是与 Catskill 流域的上游土地所有者或管理者合作,消除潜在问题,保持高质水源, 如果对上游 Catskill 流域在 10 年内投入 10 亿~15 亿美元以改善流域内的土地利用和生产方式,水质就可以达到要求。

经过比较权衡之后,纽约市最后决定通过投资购买上游 Catskill 流域的生态环境服务。这个典型的生态有偿服务方法包含了许多不同的措施和方案(包括对农田资本成本和减少污染的农业生产措施的补偿)。纽约市为此花费约 15 亿美元,即不到水处理方案预算的 20% 。

在政府决策得以确定后,水务局通过协商确定流域上下游水资源与水环境保护的责任与补偿标准,通过对用水户征收附加税、发行纽约市公债及信托基金等方式筹集补偿资金,补贴上游地区的环境保护主体,以激励他们采取有利于环境保护的友好型生产方式,从而改善 Catskill 流域的水质。如向该流域内的奶牛场和林场经营者支付 4 000 万美元,以使他们采用对环境友好的生产方式。

无论哪种方案,纽约市的用水户都不得不通过交纳水费和购买债券等方式支付这些费用。然而,通过探索和实施生态有偿服务方法来解决问题(而不是等水质恶化后再花钱解决问题),纽约市民受益于持续、优质的饮用水供应,避免了持续不断的高处理成本。此外,生态有偿服务方法有助于保护流域及流域所提供的其他服务(娱乐、生物多样性保护和其他的环境服务)。

2.2.1.3　厄瓜多尔流域生态补偿的实践及模式

厄瓜多尔流域生态补偿是通过建立水资源保护信用基金补偿制度进行补偿的。

在 1998 年,基多的水资源保护基金在 Nature Conservancy,USAID 和 Fundacion Antisana 的支持下开始启动,它是厄瓜多尔通过建立信用基金补偿制度促进流域保护的第一次尝试。基金是在日益激烈的水资源竞争,农业、牲畜、水电以及旅游等对水资源日益加大的压力下成立的。

基金最初的经费主要来源于向生活用水户以及工业和农业用水户征收的费用,用户也可以成立协会向基金捐款。用水户主要是指以下几部分:MBS - Cangahua 灌溉工程(2.3 m³/周),私营农场主(2.1 m³/周),水电公司 HCJB(4.8 m³/周),Papallacta 温泉(0.008 m³/周),以及其他电力工程,如 Electro Quito - Quijos Project,INECEL - Coca Codo-Sinclair Project(分别是 6.5 m³/周和 4.3 m³/周)。其中非取水用户(如水电、休闲)和取水用户(如灌溉、饮用)支付的水费有所不同。基多的城市供排水系统企业每周使用 1.5 m³ 的饮用水,它将支付其销售收入的 1% ,约 12 000 美元/月。除受益者直接支付的费用外,基金也可能通过国家、国际渠道得以补充。

基金 2000 年开始运作,运作模式是由一个私营资产管理者以及董事会管理,董事会由来自地方社区、水电企业、国家区域保护专家、地方 NGOs 和政府的代表所组成。基金独立于政府,但可以通过与环境专家的协作确保与政府规划一致。该项目由专业团体执行,并吸纳地方参与。根据基金的要求,管理费用控制在总费用的 10% ~20% 。

2.2.1.4　日本流域生态补偿的现状和主要模式

日本流域生态补偿案例是通过制定《水源地区对策特别措施法》,建立对水源区的综合利益补偿机制进行补偿的。

在亚洲,日本很早就已经认识到建立水源区利益补偿制度的必要性。在 1972 年,日本制定了《琵琶湖综合开发特别措施法》,这在建立对水源区的综合利益补偿机制方面开了先河。在 1973 年制定的《水源地区对策特别措施法》中,则把这种做法变为普遍制度而固定下来。

目前,日本的水源区所享有的利益补偿共由 3 部分组成:水库建设主体以支付搬迁费等形式对居民的直接经济补偿;依据《水源地区对策特别措施法》采取的补偿措施;通过水源地区对策基金采取的补偿措施。

2.2.1.5　哥斯达黎加流域生态补偿的现状和主要模式

在流域生态补偿方面,比较成功的例子还包括哥斯达黎加的生态补偿实践。该实践是通过实行生态有偿服务,用水户向国家林业基金提交资金对保护流域水体的个人进行补偿。

哥斯达黎加的 Energia Global(简称 EG)是一家位于 Sarapiqui 流域、为 4 万多人提供电力服务的私营水电公司,其水源区是面积为 5 800 hm² 的两个流域。由于水源不足公司无法正常生产,为使河流年径流量均匀增加,保证水量供应,同时减少水库的泥沙沉积,Energia Global 按照每公顷土地 18 美元的标准向国家林业基金提交资金,国家林业基金则在此基础上按每公顷土地另外添加 30 美元,以现金的形式支付给上游的私有土地主,同时要求这些私有土地主必须同意将他们的土地用于造林、从事可持续林业生产或保护有林地,而那些刚刚采伐过林地或计划用人工林来取代天然林的土地主将没有资格获得补助。另外两家哥斯达黎加公共水电公司和一家私营公司也都通过国家林业基金向保护流域水体的个人进行补偿。

当然,除以上几个国家的典型实践外,巴西、澳大利亚、南非等都开展了相关的实践探索。国内的密云水库、东阳—义乌等也进行了补偿实践,这些都为流域生态补偿理论和实践的发展起了重要的推动作用。

2.2.2　我国相关补偿典型案例分析

国内的补偿方式大都是基于大型项目的补偿,以政府为主导,但随着经济的高速发展,在市场的推动下,也开始出现了自发的交易生态补偿。现以密云水库、东阳—义乌的水权交易为例介绍国内的流域生态补偿。

2.2.2.1　密云水库水资源补偿案例

密云水库水资源补偿案例是通过直接的资金和以项目的形式对上游水源区环境保护

的建设进行补偿。

密云水库(见图 2-5)位于京郊密云县城北山区,横跨潮河、白河主河道,距北京约 80 km,是华北地区最大的水库,总库容 43.75 亿 m³。水库控制流域面积的 2/3 在河北省承德、张家口辖区内,1/3 在北京市行政区内。其中,在河北境内总控制流域面积为 11 406.33 km²,上游河北省流经区域为赤城县全县,所占比例最高为 46.4%,第二是丰宁县,所占比例为 36.7%。目前,密云水库日取水量 117 万 m³,约占北京市区供水量的一半以上,成为北京市重要的饮用水源地。近年来密云水库来水量一直减少,1999 年以来已连续干旱 6 年,目前水量减少了近四成。为了保证密云水库的水质和水量,为北京市提供清洁饮用水,北京市与河北省协商,要求上游流域节省农业用水。具体措施有三个方面:一是减少水稻种植面积,改种玉米,以减少地表水资源的应用;二是减少灌溉面积,几乎不再实行农业灌溉;三是对坡地进行退耕还林,增加森林覆盖率和涵养水源功能。同时,对于在这些措施中受到损失的农户给予一定的经济补偿。

图 2-5　北京密云水库

密云水库水资源保护的补偿机制包括直接的资金补偿机制和项目补偿机制两种。

(1)直接以生态补偿的形式进行支付

1995 年北京开始向承德、张家口支付水源涵养林保护费,每年 200 万元,现在提高到了 1 800 万元,给张家口的水土保持费用也增加到 800 多万元。生态补偿基金将专款专用,主要用于滦平县和丰宁县的水资源保护项目。该专项资金中很大一部分用于当地稻改,即让当地农民减少种植甚至不再种植浪费水资源的水稻,改种其他口粮,将节省下的水资源支援北京。

(2)以项目的形式对上游水源区环境保护的建设和损失成本的补偿

主要手段就是实施了 21 世纪初期(2001~2005 年)首都水资源可持续利用规划项目。中央补助约 70 亿元,北京拿出其余的 150 亿元进行上游和北京市区密云水库与官厅水库的环境建设、污染处理项目。其中河北省实施的规划项目涉及密云水库和官厅水库上游两个部分,主要包括农业节水和工业节水、水土保持、水污染治理、京承生态农业示范区建设、点源治理、省市区项目区建设等 164 个子项目,总投资 39.84 亿元。

为保证密云水库水质和水量而采取的制度安排包括：

①实施退稻还林还草项目,减少水资源用量,同时在有些退稻的地区植树种草,治理密云水库上游水土流失,涵养水源。

②治理工业污染源,关闭既严重污染水源又破坏植被造成水土流失的小型矿山采选和冶炼厂。在密云水库上游的丰宁、滦平和赤城县,进行工业污染源项目的治理和综合利用,例如,丰宁县九龙集团环保综合利用和赤城县后沟金矿含氰废水综合利用,同时关闭丰宁和滦平县 10 家选矿厂。进行污水处理厂建设,提高工业和生活污水处理率。

③加强省界断面水量水质实时监测和保障规划实施的能力建设,进行断面水质和水量实时监测系统建设。21 世纪初期(2001～2005 年)首都水资源可持续利用规划项目已经委托海河水资源管理委员会进行该系统和工程的建设。

④在密云水库上游的滦平、丰宁县建立京承水资源保护生态农业经济区,解决目前农村产业结构调整、传统农业向生态农业转变和农民再就业等一系列问题,通过生态项目的"造血型"补偿,提高区域发展能力。

⑤为了缓解北京市饮用水紧张的局面,多库联合向密云和官厅水库调水。2004 年 10 月河北省集中输水 2 200 万 m^3,河北壶流河水库、云州水库联合向北京市集中输水正式启动。赤城县的云州水库提闸向北京市白河堡水库放水,共放水 1 000 万 m^3。河北省壶流河水库向官厅水库输水 1 200 万 m^3。

北京市水价为 3.7 元/m^3,对洗浴、洗车业和生产纯净水企业等高耗水行业则分别收取 61.50 元/m^3 和 41.5 元/m^3 的高水价,可以从中抽取一定比例用于水源区建设。同时,一些用水浪费户也应该额外作出补偿,采取阶梯式水价,提高用水浪费户水价,多收取的部分作为生态补偿专项基金。经过补偿加强了北京市与张家口市、承德市之间的协作,加强了水资源的统一规划和调度,建立了长期的区域间水资源开发利用、生态建设的补偿机制,最终实现区域间上下游的共同繁荣和可持续发展。

2.2.2.2　东阳—义乌水资源补偿案例

东阳—义乌水资源补偿案例是通过达成水权交易协议和补偿制度等进行补偿的,是我国首例水权交易协议。

金华江长约 200 km,流经磐安县、东阳市、义乌市和金华市及金华县部分地区。义乌市作为中国的小商品城,工业、城市发展和居民饮用水需求都在不断增加,但是饮用水源金华江义乌段被污染,失去饮用水功能。义乌市为解决水资源紧缺的问题,提出了三个方案:一是扩建原来的水库,二是新建水库并通过管道向义乌城区供水,三是以投资的方式实施境外引水。客观条件表明,义乌市境内已没有很合适的库址,提水灌溉的办法也受到很多客观条件的限制,如过境水少、水污染严重等。境外引水这一方案就成了唯一的可行方案。另外,新建、扩建水库并净化水资源的成本可能远高于水权交易的成本,这也是促进水权贸易的一个最重要的原因。

在金华江流域内,东阳市的水资源最为丰富。全市 78.58 万人口的人均水资源量达到 2 126 m^3,除满足自身正常用水外,每年还要向金华江白白流掉 3 000 多万 t 水。义乌的情形正好相反,总人口为东阳的 80%,而人均水资源量却只及东阳的一半。东阳市的横锦水库汇集了足够的水资源,1996 年开始经过 5 年的谈判,2001 年达成水权交易协议。

水权交易在中游的东阳市和义乌市之间进行,是我国首例水权交易协议。其补偿机制及制度安排包括:

(1)东阳市以2亿元的价格一次性把横锦水库每年4 999.9万 m³ 水的永久用水权转让给义乌市,并保证水质达到国家现行一类饮用水标准。

(2)义乌市向供水方支付当年实际供水 0.1 元/m³ 的综合管理费(含水资源费、工程运行维护费、折旧费、大修理费、环保费、税收、利润等所有费用),综合管理费随省市水价的上涨而统一调整。

中国首例水权交易创下水权制度改革的先河,同时为其他流域生态补偿和水权交易提供了成功的经验。目前,协议正在被很好地执行,义乌已经用到横锦水库的水资源。经过水权交易,实现了双方经济互赢(见图2-6):东阳实施节水工程后增加的丰余水成本相当于 1 元/m³,转让给义乌的回报却是4 元/m³。而义乌购买 1 m³ 水权虽然付出4 元/m³ 的代价,但如果自己建水库至少要花 6 元/m³。同时,水权交易也促进了东阳市水资源的节约利用和横锦水库的环境保护与水质优化,由于协议要求东阳所提供的水质必须达到国家现行一类饮用水标准,因此东阳增加了对库区环境保护与恢复的积极性,加大了植树造林、移民搬迁的力度。

图2-6　东阳—义乌水权交易经济互赢

2.3　国内外水资源补偿的启示

我国水资源补偿的研究尚处于早期探索阶段,存在较多的不足之处,有待进一步完善。目前对生态补偿原理性探讨较多,针对具体地区、流域的实践探索较少,尤其是缺乏经过实践检验的生态补偿技术方法与政策体系;补偿机制如何构建的研究偏少,侧重于生态补偿机制建立的理论基础与部分概念区分;主要关注国家宏观层面,探讨区域、流域等生态补偿的研究较少;侧重于通过政府特别是中央政府实现生态补偿,很少研究市场机制在生态补偿中的具体作用与实现途径;多以一些政策建议为主,并未形成一套成系统的理论体系;多以我国实行生态补偿的经验研究为主,借鉴国外生态补偿理论的偏少。结合国外水资源补偿研究的特点及我国水资源补偿研究的现状和不足,我国的水资源补偿研究将继续朝着广度、维度、纵深的方向发展。

2.3.1　我国水资源补偿机制理论与实践的问题分析

国内水资源补偿正处于初级探索阶段,尚未形成完整的体系,在对我国水资源补偿机

制进行研究和梳理时,发现以下六个方面的问题:

(1)对水资源补偿机制本身的认识广度、深度不够。不能准确把握水资源补偿机制的概念内涵及其影响因素。对具体城市水资源补偿的标准规定、补偿形式及补偿资金的来源等专门研究较少,对水资源补偿的区域特殊性研究不够。

(2)对各城市水源区水资源补偿地方立法研究不够。我国地域辽阔,水资源生态状况复杂,经济发展不平衡,水资源补偿应具有地域性,在不与国家生态补偿法律原则相抵触的情况下,将各地区水资源的生态补偿规范化,以建立适合本地区水资源补偿的长效运行机制。

(3)水资源补偿管理体系不健全。现行的各种水资源补偿管理体系中,地方政府参与不足,导致中央政府压力过大。没有形成有序的补偿管理协调机制,导致管理局面混乱,补偿管理缺失,缺乏明确的分工,水资源保护效率低下,水源保护区居民受益少,贫困人口多。

(4)缺乏系统、有效的定性指标量化方法。对量化水资源补偿指标体系中定性指标的研究不够充分,缺乏系统、有效的定性指标量化方法。在实际研究工作中,以水资源补偿为基础,合理配置水资源,科学地制定社会经济发展目标、有效地进行水资源生态环境保护与建设方面的应用研究不足。

(5)融资渠道单一。我国的水资源补偿融资渠道主要有财政转移支付和专项基金两种方式,其中财政转移支付是最主要的资金来源。从目前我国水资源补偿的财政转移支付方式看,纵向转移支付占绝对主导地位,即中央对地方的转移支付为主,而区域之间、流域上下游之间、不同社会群体之间的横向转移支付微乎其微。但水源地保护需要长期持续投入,以国家投入为主体的融资体制显然不能满足长期生态补偿的需要,多层次、多渠道、全方位筹措生态建设资金将是水资源补偿机制的首要任务。

(6)缺少水资源补偿效益评价体系。在我国已有的生态补偿实践中,往往缺少对水资源补偿成效的评价体系。水资源保护方投入了大量的人力、物力和财力。水质水量改善的程度无法量化,补偿的效果无法确定。因此,在建立水资源补偿机制的同时,必须建立水资源补偿效益评价体系。

2.3.2　国内外水资源补偿理论与实践对实现水资源补偿的借鉴

通过对国内外水资源补偿机制现状及补偿案例的研究,对水资源补偿有了初步的认识。补偿标准体系是生态补偿机制的一个非常重要的部分,对于采用何种补偿方式、补偿规模多大、利税分配的基础,应尽快进行深入研究,建立一套相应的生态补偿标准体系,保证补偿过程的合理性。

(1)提高对水资源补偿的认识

输水区的水土保持生态环境建设保护得好坏直接关系到向下游受水区供水的保证率和供水安全。一个山清水秀的水源地,不仅是上游近 1 000 多万群众生存发展的需要,也是受水区群众饮水安全、经济社会可持续发展不可缺少的条件和保证。因此,为了更好地保证供水的质量,就必须增强人们对水资源补偿的意识,增强水源的保护意识与投入,以保障水源区的生态环境建设,提高水源区群众保护环境的积极性和主动性。

（2）国家要制定相关政策法规

补偿政策是政府有意识地从当时经济状态的方向调节经济变动幅度的政策,以达到稳定经济波动的目的。调水工程是惠及民生的大型水利项目,工程建设规模大,涉及地域广,建设周期长,用地情况复杂。为保证工程建设依法、科学、集约、规范,国家在财政、扶贫和移民安置等相关方面都有明确的政策支持。政府的一系列补偿政策都有利于工程建设的合法、规范,有利于弥补市场的缺陷、统筹各地区经济发展,有利于保障资源和环境的可持续发展。我国水资源补偿制度建设也应立法先行。首先,应尽快出台《水资源补偿条例》,然后在条例的基础上进一步修改完善,力争出台《水资源补偿法》。可选择有条件的地方先行试点,研究探索水资源补偿的有关办法、标准、制度等,逐步做到规范运作,取得经验后再逐步推开。

（3）健全水资源补偿管理体系

完善的组织管理体系对于实施水资源补偿必不可少。由于涉及多个部门,各级政府可通过加强部门间的协调与合作,建立水资源补偿的征收机制和发放机制,实现补偿资金在受偿方和支付方之间的转移支付。水资源补偿组织管理体系应由补偿政策制定机构、补偿计量机构、补偿征收与发放机构、补偿监管机构等部分构成。

（4）切实加强水资源补偿标准研究

水资源补偿标准在不同领域、不同地区都有较大差异,对水资源保护者的补偿标准和对受益者的征收标准(受益者的支付标准)是水资源补偿的两个关键指标。补偿标准既要充分考虑受偿方的需求,又要兼顾支付方的意愿,并协调二者之间的关系,达到供需平衡,同时又能保证生态保护和建设的资金需求。

（5）建立资金筹措体系

有效的资金支持,是水源地经济、社会发展的强大后盾。征收环境保护税、开征生态补偿费和设立专项基金,是水源地资金体系的重要来源。在水源地保护区,统一征收环境保护税,征收对象为那些对流域的生态环境可能造成或已经造成不良影响的生产者、经营者、开发者。在以市场经济为基本制度的社会里,经济手段是确保自然资源最优利用的最理想手段。因此,可以通过开征生态补偿费,运用收费这一经济手段,增加商洛的地方财政收入,促进水源地的可持续发展。增大中央财政用于水源地生态保护的预算规模和转移支付力度,通过调水工程基金,设立水源地生态补偿专项基金,用于水源地生态及经济建设项目的信贷担保和贴息。

（6）建立效益评价体系

建立一套系统、完整的水资源补偿机制评价体系,要通过效益评价指标的选取、使用科学的评价方法,分别建立健全水资源补偿指标考核体系、补偿基金使用效益评价体系和补偿机制效果评估体系。

从生态效益、经济效益和社会效益三个方面对水资源补偿机制效益进行监测和评估。生态效益通过生态建设实现对生态环境资源质量和结构的改善,在涵养水源、保持水土、防风固沙、调节气候、防止污染、美化环境等方面发挥着巨大的生态效益。经济效益指南水北调补偿机制对商洛水源地产业结构和经济发展所做贡献与影响的程度,主要监测指标是商洛水源地的国民经济总产值和人均收入等。社会效益指南水北调补偿机制对实现国民经济发展目标和社会发展目标所做贡献与影响的程度,主要监测内容有剩余劳动力转移、人们生活水平、文化教育和社会保障等。根据机制效益指标,将试点水源地在水资源补偿机制实施前后的状况进行纵向对比,与同期水源地进行横向对比,看考核实施的补偿机制是否向有利方向发展,从而对补偿机制得出总体评估结论并做出政策性调整。

建立调水工程生态补偿,将有效解决水源地现存的水资源保护和水土流失治理资金短缺问题,有利于促进环境资源的合理利用;有利于促进水源保护区良性发展,实现生态和经济双赢;有利于全面推进生态建设,实现人与自然的和谐发展;有利于促进共同富裕,维护人民群众的根本利益。

南水北调工程是国家合理配置水资源,解决京津、华北水资源供需矛盾,促进国民经济与社会可持续发展的重大举措。丹江口水库是南水北调(中线)工程的供水水源,水库水质的好坏直接关系到工程的成败,保护丹江口水库及上游地区的水质,加强生态环境保护建设,对确保南水北调(中线)工程水质安全,实现水资源可持续利用,促进经济社会可持续发展具有重要意义。为此,要调水工程永久发挥效益、确保工程水质和水量满足受水区经济发展的需要,就必须加快水源区水土保持生态环境的恢复、重建和保护,建立符合社会主义市场经济规律的水资源补偿机制,实现输水区和受水区和谐发展的目标。

第3章 南水北调(中线)工程商洛水源地概况

商洛,因境内有商山、洛水而得名,位于陕西省东南部,秦岭南麓,与鄂豫两省交界。商洛东与河南省的灵宝、卢氏、西峡、淅川接壤,南与湖北省的郧县、郧西县相邻,西南与陕西省安康市的安康、宁陕、旬阳和西安市的长安、蓝田县毗邻,北与陕西省渭南市的潼关、华阴、华县相连。本章主要介绍了商洛地区水源地的自然地理概况和社会经济发展现状。

3.1 商洛水源地自然地理概况

商洛市位于陕西省东南部,在东经 108°34′20″~111°1′25″,北纬 33°5′30″~34°25′40″。下辖 6 县 1 区,分别为洛南县、丹凤县、商南县、山阳县、镇安县、柞水县、商州区(行政区划见图 3-1)。至 2005 年底,全区总人口 240.616 9 万人,其中农业人口 205.739 1 万人,非农业人口 34.877 8 万人。商洛市与陕西省西安市、安康市、渭南市和河南省的南阳市、三门峡市以及湖北省的十堰市毗邻。全市国土总面积 19 292 km²,东西长约 229 km,南北宽约 138 km。

图 3-1 商洛地区行政区划

3.1.1 地质地貌概况

商洛市地质构造复杂,按构造特征及发育的差异性划分为两个大地构造单元,以铁炉子—楼村—灵口一线为界,以北属华北准地台南缘的商渭台缘褶皱带,以南属秦祁地槽的东秦岭褶皱系。

北部商渭台缘褶皱带,由太华下元隆起和石门下古凹陷两个三级单元组成,基底为太古界太华群深变质岩,盖层为震旦亚界、寒武系和奥陶系地层,以火成岩、浅海相泥页岩、碎屑岩和碳酸盐岩建造为主,与组成古老基底的太华群地层呈明显的区域性不整合。南部东秦岭褶皱系,由加里东褶皱带、华力西褶皱带和印支褶皱带所组成,其中间以营盘—杨斜—商州—商南复合断裂及两河—凤镇—牛耳川—高坝—竹林关复活断裂相隔,呈东西向展布,构造复杂,断裂发育,岩性变化大,地层出露较齐全,与北部的商渭台缘褶皱带在地层、构造、岩浆活动、变质程度和成矿过程等方面有明显的区域差异性。

根据地层发育和岩性又可将全区分为金堆城—石门、洛南—商州、柞水—山阳、镇安—竹林关、青铜—湘河五个小区。北部以太古界、古生界、震旦亚界和寒武系、奥陶系地层分布广泛。岩石主要有花岗岩、石英岩、大理岩、片岩等。南部以古生界、奥陶系、志留系地层分布广泛,岩石以灰岩、泥灰岩、板岩、页岩等为主。中部以中、上泥盆统和下古炭统地层分布广泛,岩石主要有片岩、板岩、大理岩、灰岩和泥灰岩。

本市地貌总体地势西北高,峡谷峻岭密集,最高点是秦岭主脊上的柞水牛背梁(见图 3-2),海拔 2 802.1 m,向东南渐低,川垣丘陵较多,最低点位于商南县梳洗楼附近的丹江谷地(见图 3-3),海拔 215.4 m。五条主要山脉——秦岭主脊、蟒岭、流岭、鹘岭、郧西大梁和新开岭由西北向东北、东、东南伸延,岭谷相间排列,使全市总观呈掌状谷岭地形。本市川垣、丘陵地域面积约占土地总面积的 10%,低山地面积约占 71%,中山地面积约占 16%,素有"八山一水一分田"之称。

图 3-2　最高点——柞水牛背梁

图 3-3　最低点——商南县丹江段

3.1.2　气候特征概况

商洛市地处我国中纬度偏南地带,位于陕西东部秦岭南麓,属季风气候区。地理分布在北亚热带和暖温带交界区域,水平方向上具有两个气候带过渡性特征,南部属北亚热带气候,北部属暖温带气候。全市冬无严寒,夏无酷暑,冬春多旱,夏秋多雨,温暖湿润,四季分明。年平均气温 7.8 ~ 13.9 ℃,年平均降水量 696.8 ~ 830.1 mm,年平均日照时数1 848.1 ~ 2 055.8 h。气象灾害有干旱、暴雨、连阴雨、冰雹、霜冻、大风、寒潮降温等。市内山大沟深,谷壑纵横,峰峦叠障,地形复杂,垂直高度差异较大,具有明显的山地立体气候特点,各地光、热、水气候资源和气象灾害都有明显的差异,分布极不平衡。

3.1.3　河流概况

商洛市河流密布,共72 500余条,其中流长10 km以上的约240条,集水面积100 km² 以上的67条,河网密度每平方千米1.3 km以上。主要河流丹江、洛河、金钱河、乾佑河、旬河五大水系。此外,还有几条独流出境的小河,如兰桥河、许家河、滔河、黑漆河及新庙河。属黄河流域的只有洛河、兰桥河两条,流域面积占全市土地面积的14.7%,其余河流均属长江流域,流域面积占全市土地面积的85.3%。商洛市水系图见图3-4。

丹江发源于商州西部的秦岭山脉,流经商州、丹凤、商南3县区,向东南出省境入河南、湖北,注入汉江,在商洛市境内流长250 km,流域面积6 996 km²,多年平均径流量为8.2亿m³。

洛河又称南洛河,是黄河的一级支流,发源于洛南县境内洛塬镇的龙潭泉,由西向东横贯全境,从兰草河口进入河南省,境内流程129.8 km,流域面积2 693 km²,多年平均径流量8.19亿m³,平均比降7.04‰。

金钱河源于柞水县金井河,在山阳境内,西起户家垣左家湾,东至漫川关沙沟沟口,贯穿九甲湾、黄龙、合河、板岩、安家门、洞沟、南宽坪、同安等11个乡镇。长79 km,宽80～100 m,流域面积2 436 km²,多年平均径流量11.73亿m³。入湖北省郧西县后名甲河。

乾佑河发源于黄花岭下的老林、太河、龙潭3个乡,为旬河一级支流、汉江二级支流,流经柞水、镇安2县,于旬阳县两河口汇入旬河。乾佑河干流全长140 km,流域面积2 507 km²,多年平均径流量6.88亿m³。云镇河是乾佑河的一级支流,发源于镇安与柞水的交界。

旬河为汉江的一级支流,是镇安县最大的过境河流,发源于秦岭南麓,流经宁陕、镇安、旬阳后汇入汉江,干流全长216 km,其中在镇安境内全长74.4 km,平均年总径流量6.29亿m³,丰水年总径流量11.71亿m³。

3.1.4　蓄水建筑物概况

商洛行政区划管辖1区6县,1区即商州区,6县包括洛南县、丹凤县、商南县、山阳县、镇安县、柞水县。

商州区主要有二龙山水库(见图3-5)、南秦水库、王山底水库、洛旗河水库等大小水库12座,作为地表水城市饮用水水源地的二龙山水库位于商州市城区西北部,丹江上游,距市中心4 km。水库大坝高63.7 m。总库容8 000万m³,最大水面5 490亩。平均水域面积3 420亩,库区海拔720～1 300 m,年平均气温12.6 ℃,年平均降雨量720 mm,水库控制丹江上游流域面积965 km²。

洛南县有东湖水库、轱辘沟水库、谢湾水库(见图3-6)、姬家河水库等大小水库10余座。作为饮用水水源地的李村水库位于洛南县永丰镇李村,建成于1981年,库容300万m³,水库占地300亩。

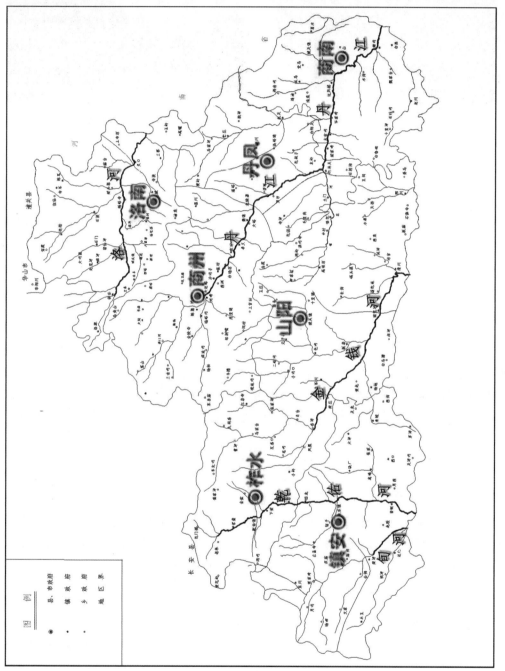

图 3-4　商洛市水系图

图 3-5　商州二龙山水库

图 3-6　洛南谢湾水库

丹凤县共有中小型水库 7 座,其中中型水库 1 座,小(一)型水库 2 座,小(二)型水库 4 座,总库容 1 588.5 万 m³。龙潭水库目前是城区生活饮用水的主要水源地,位于县城东北部约 3 km 的涌峪沟龙潭峡口处,控制流域面积 40 km²,总库容 276 万 m³,其死库容为 90 万 m³,有效库容 180 万 m³,年平均来水量达 800 万 m³,现状功能是蓄洪、灌溉,水量充足,为小(一)型水库,现已成为县城居民生产生活的主要水源。该水库流域内无工矿企业,仅有 5 000 余居民的农业生产和生活对河水有轻微的影响,水质较好,适宜生活饮用水。

商南县县河水库位于县河中上游县城北 4 km 陡岭山麓。坝址以上县河干流 30 km,控制流域面积 100 km²。河床平均比降为 1/60,河道常流量 0.2 m³/s,年径流量 1 944.7 万 m³。水库总库容 667 万 m³,其中防洪库容 128 万 m³,有效库容 468 万 m³。县河水库以供给生活水源为主,兼有蓄洪、灌溉、发电、水产养殖等作用。

山阳县现有水库 4 座,总库容 329.32 万 m³,其中小(一)型水库有薛家沟水库、西沟水库,小(二)型水库有老沟水库和麻庄河水库。薛家沟水库位于县城上游的十里乡薛家沟,总库容 218 万 m³,可调节水量 2.7 万 m³,水库上游河流长度 9 km,流域面积 18.2 km²。镇安县、柞水县暂时没有水库。

3.1.5　地下水概况

地下水主要由降水和地表水的渗入补给,多以泉水形式出露,排泄于河流。商洛市虽然气候湿润,雨量较充沛,但由于各地的地层岩性、地质构造、地形地貌的差异,地下水分布很不平衡。按照地下水在地层中的储存状态,可将商洛市地层含水情况大致分为块状基岩裂隙水、层状基岩裂隙孔隙层间水、岩溶化基岩岩溶裂隙水和松散覆盖层孔隙水四大含水岩类。

(1)块状基岩裂隙水含水岩

主要分布于商洛市商州区、柞水东部和蟒岭地区,一般地下水量都较小,属弱富水地带,局部构造裂隙发育地段富水性较好。岩层是以花岗岩为主的各类火成岩及花岗片麻岩、片麻岩等,泉涌量一般为 0.5~2.5 t/h,或小于 0.5 t/h。

(2)层状基岩裂隙孔隙层间水含水岩

主要分布于商洛市商南、山阳的大部分低中山区,由变质程度深浅不同的碎屑岩组成,区内断层裂隙虽较发育,但多为泥沙或岩溶充填,故地下水富水性都较差。区内属于中等富水含水层,分布于柞水的白垩系砂砾岩裂隙孔隙水含水岩,镇安的泥盘系千枚岩、板岩夹灰岩裂隙水含水岩。泉涌量一般为 2.5～15 t/h。

(3)岩溶化基岩岩溶裂隙水含水岩

主要分布于商洛市镇安县米粮川及洛南巡检、石门一带,岩溶发育,具有较丰富的岩溶水。岩层主要由各种灰岩、白云质灰岩、页岩等组成。由于所处构造部位和岩溶裂隙发育程度不同,各岩溶水量极不均匀。强富水区一般泉流量 15～50 t/h。如洛南永丰地区单井出水量为 1 000～1 500 t/d,大者可达 2 000 t/d 以上,个别单孔地下水可自流,水位高出地表 0.5 m 左右。而洛南北坡单孔出水量仅为 40～240 t/d。丹凤一带元古界大理岩夹片岩、片麻岩含水岩,属于弱富水区。

(4)松散覆盖层孔隙水含水岩

主要分布于商洛市山间河谷盆地中,地下水丰富,岩层是以冲积的砂、砂砾石夹粉细砂与亚黏土潜水岩组。其中商丹盆地、洛南盆地及山阳等河谷阶地,水文地质条件好,具有开采条件。

3.1.6 水资源总量概况

商洛市辖 6 县 1 区,境内主要河流有丹江、洛河、金钱河、乾佑河、旬河五大河流,纵横交错,支流密布。商洛市横跨长江、黄河两个流域。属黄河水系的只有洛河,属长江水系的有丹江、金钱河、旬河和乾佑河。洛河流域面积占区内面积的 14.7%。丹江流域面积占区内面积的 36.39%,金钱河流域面积占区内面积的 24.3%,乾佑河流域面积占区内面积的 11.6%,旬河流域面积占区内面积的 9.1%,这 5 条主要河流的流域面积共占区内总流域面积的 96.09%。

(1)降水量

2010 年全市年平均降水量为 859.5 mm,折合降水总量 165.81 亿 m³,较多年平均值增加了 10%。其中长江流域年平均降水量 871.3 mm,比多年平均值增加 10.6%,属丰水年;黄河流域年平均降水量 786.4 mm,比多年平均值增加 4.9%,属丰水年。

2010 年全市各县区年平均降水量除柞水县外,均比多年平均值有所增加。各流域年平均降水量除旬河、乾佑河流域比多年平均值略有减少外,洛河、金钱河、丹江流域比多年平均值均有增加。各县区、各流域分区年降水量与多年平均值比较情况见图 3-7 和图 3-8。

2010 年商洛市降水量区域分布情况为山地大于河谷。其中,洛河流域 459.4～952.9 mm;旬河流域 698.0～1 065.4 mm;乾佑河流域 577.8～991.9 mm;金钱河流域 577.8～1 144.3 mm;丹江流域 510.0～1 206.8 mm。实测年最大降雨量发生在商南县富水关,为 1 206.8 mm。

(2)地表水资源量

2010 年全市地表水资源量为 64.87 亿 m³,相应年径流深为 336.2 mm,比多年平均值增加 29.3%。其中,长江流域地表水资源量为 62.72 亿 m³(其中入境客水 5.24 亿 m³),比多年平均值增加 28.9%;黄河流域地表水资源量为 8.04 亿 m³(其中入境客水 0.65 亿

m³),比多年平均值增加 20.3%。2010 年全市地表水资源量与多年平均值相比偏丰,属丰水年。各县区、各流域分区地表水资源量与多年平均值比较情况见图 3-9 和图 3-10。

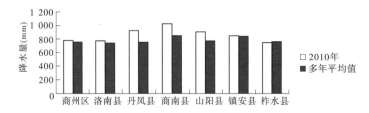

图 3-7　商洛市各县区 2010 年降水量与多年平均值比较图

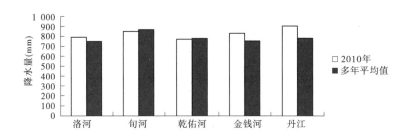

图 3-8　商洛市各流域分区 2010 年降水量与多年平均值比较图

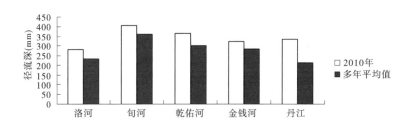

图 3-9　商洛市各流域分区 2010 年地表水资源量与多年平均值比较图

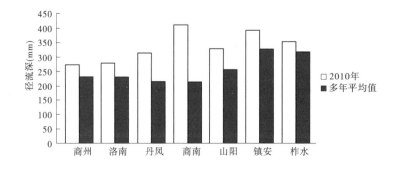

图 3-10　商洛市各县区 2010 年地表水资源量与多年平均值比较图

（3）地下水资源量

2010 年全市地下水资源总量为 22.94 亿 m³，比多年平均值增加 43.6%。长江、黄河两流域分别为 21.51 亿 m³（含入境客水 1.89 亿 m³）、3.62 亿 m³（含入境客水 0.30 m³），比多年平均值分别增加 47.3%、28.1%。

（4）水资源总量

2010 年商洛市水资源总量为 64.87 亿 m³（其中地表水资源量为 64.87 亿 m³，地下水资源量为 22.94 亿 m³，重复计算量为 22.94 亿 m³），比多年平均值增加 29.3%。其中长江、黄河流域分别为 62.72 亿 m³（含入境客水 5.24 亿 m³）、8.04 亿 m³（含入境客水 0.65 亿 m³），比多年平均值分别增加 28.9%、20.3%。2010 年商洛市行政分区水资源总量见表 3-1，流域分区水资源总量见表 3-2。

表 3-1　2010 年商洛市行政分区水资源总量

行政区	计算面积（km²）	地表水资源量（亿 m³）	地下水资源与地表水资源重复量（亿 m³）	分区水资源总量（亿 m³）
商州	2 672	7.28	2.96	7.28
洛南	2 562	7.13	3.21	7.13
丹凤	2 438	7.65	2.68	7.65
商南	2 307	9.48	2.46	9.48
山阳	3 514	11.55	3.94	11.55
镇安	3 477	13.62	5.26	13.62
柞水	2 322	8.17	2.43	8.17
商洛市	19 292	64.87	22.94	64.87

表 3-2　2010 年商洛市流域分区水资源总量

流域	计算面积（km²）	分区天然年径流量（亿 m³）	地下水资源与地表水资源重复量（亿 m³）	分区水资源总量（亿 m³）
洛河	2 792.2	7.82	3.52	7.82
旬河	2 968.6	12.06	4.36	12.06
乾佑河	2 184.8	8.01	2.94	8.01
金钱河	4 661.6	15.01	5.22	15.01
丹江	7 520	25.11	8.43	25.11
未注入五大河流的流域	698.1	2.75	0.66	2.75
黄河流域	2 872.1	8.04	3.62	8.04
长江流域	17 335	62.72	21.51	62.72
入境客水	1 533.3	5.89	2.19	5.89
全市	19 292	64.87	22.94	64.87

3.1.7　水资源开发利用状况

2010 年商洛市各部门实际用水量 27 777 万 m³(不含水力发电),比 2009 年增加 1 852 万 m³。其中,农田灌溉用水量 12 909 万 m³,占总用水量的 46.5%,比 2009 年增加 334 万 m³;林牧渔畜用水量 3 563 万 m³,占总用水量的 12.8%,较 2009 年增加 881 万 m³;工业用水量 4 849 万 m³,占总用水量的 17.5%,比 2009 年增加 460 万 m³;城镇公共用水量 507 万 m³,占总用水量的 1.8%,较 2009 年增加 38 万 m³;居民生活用水量 5 664 万 m³,占总用水量的 20.4%,比 2009 年增加 79 万 m³(其中城镇居民生活用水量 1 754 万 m³,占总用水量的 6.3%;农村生活用水量 3 910 万 m³,占总用水量的 14.1%);生态环境用水量 285 万 m³,占总用水量的 1.0%,比 2009 年增加 60 万 m³。商洛市各行业行政分区用水量情况见表 3-3。

表 3-3　商洛市各行业行政分区用水量

行政区	农田灌溉用水量(万 m³)		林牧渔畜用水量(万 m³)		工业用水量(万 m³)		城镇公共用水量(万 m³)		居民生活用水量(万 m³)		生态环境用水量(万 m³)		总用水量(万 m³)	
	小计	其中地下水	小计	其中地下水	小计	其中地下水	小计	其中地下水	小计	其中地下水	小计	其中地下水	合计	其中地下水
商州	2 080	350	284	96	1 213	1 082	235	235	1 413	1 180	60	60	5 285	3 003
洛南	3 340	796	704	214	685	348	63	63	1 099	240	25	25	5 916	1 686
丹凤	2 443	448	792	117	341	122	26	26	612	361	23		4 237	1 074
商南	1 316	209	559	159	483	155	40	13	628	211	60	15	3 086	762
山阳	1 867	160	483	109	1 612	296	82	48	843	292	32	11	4 919	916
镇安	1 460	50	324	6	210	8	35	8	741	40	45	9	2 815	121
柞水	403	126	417	77	305	76	26	9	328	169	40	5	1 519	462
全市	12 909	2 139	3 563	778	4 849	2 087	507	402	5 664	2 493	285	125	27 777	8 024

3.2　商洛市经济发展现状的 SWOT 分析

商洛市位于陕西省东南部,处于鄂、豫、陕 3 省交界的秦巴山区,面积约 1.92 万 km²,人口 240 多万。商洛市是我国最贫穷的地区之一,市内所辖的 6 个县(商州区除外)除洛南县是省级贫困县外,其余 5 个县均为国家级贫困县,2005 年底贫困人口占农村人口的比重达到 21.7%。通过对商洛地区经济发展进行 SWOT 综合研究,对其所具有的优势和劣势及存在的机遇和挑战进行分析与判断,可以使其充分发挥优势、克服劣势,准确抓住机遇,有效回避威胁,使商洛的经济获得持续、快速、健康的发展。

3.2.1　SWOT 分析方法

SWOT 分析法又称为态势分析法,它是由旧金山大学的管理学教授于 20 世纪 80 年代初提出来的,是一种能够较客观而准确地分析和研究一个单位现实情况的方法。SWOT 四个英文字母分别代表优势(Strength)、劣势(Weakness)、机会(Opportunity)、威胁(Threat)。运用这种方法,可以对研究对象所处的情景进行全面、系统、准确的研究,从而根据研究结果制订相应的发展战略、计划以及对策等。从整体上看,SWOT 可以分为两部分:第一部分为 SW,主要用来分析内部条件;第二部分为 OT,主要用来分析外部条件。利用这种方法可以从中找出对自己有利的、值得发扬的因素,以及对自己不利的、要避开的东西,发现存在的问题,找出解决办法,并明确以后的发展方向。

3.2.2　商洛水源地经济发展的 SWOT 分析

本节将对商洛地区的经济发展进行 SWOT 分析,通过对商洛地区自身经济发展的优势、劣势及外部机会与威胁进行全面、系统的研究,从而根据研究结果制定适应商洛经济发展的战略及对策等。

3.2.2.1　**优势**(Strength)

商洛虽然是个经济欠发达地区,但在经济发展中有自己的资源优势,丰富的自然资源、良好的旅游环境、显著的区位优势,以及西部开发所带来的机遇,都为商洛的经济发展创造了条件。

(1)丰富的自然资源

商洛市自然资源比较丰富,素有"南北植物荟萃、南北生物物种库"之美誉。据调查统计,有野生油料、纤维、淀粉、林果、中药材、化工原料等 1 200 多种。宜林面积 2 300 万亩,占土地面积的 70%。有林地 1 500 万亩,木材蓄积量 2 154 万 m^3,森林覆盖率 54%,是陕西省木材主产区之一。商洛以生漆、油桐、核桃(见图 3-11)、板栗(见图 3-12)、葡萄、柿子、木耳等林特产品而著称。尤其是核桃、板栗、柿子产量居全省之首,核桃出口量占全国的 1/6。商洛又是全国有名的"天然药库"。中草药种类 1 119 种,列入国家"中草药资源调查表"的达 286 种。其中年产量 50 万 kg 以上的有连翘(见图 3-13)、五味子、丹参(见图 3-14)、苍术、青风藤、淫羊霍、黄姜、桔梗、威灵仙、茵陈等 10 余种;年产量 10 万 ~50 万 kg 的有金银花、柴胡、天麻、白术、山楂、黄芪、猪苓、山萸、柏子仁、远志等 10 余种。其中连翘、金银花、丹参、山萸、五味子、桔梗年收购量居陕西省之首。木耳、香菇总产量分别达到 1 000 多 t 和 3 700 多 t。茶叶年产量 40 多万 kg,连续 15 年被评为省优产品。野生动物近千种,被列入国家保护的珍稀动物有羚牛、苏门羚、林麝、锦鸡、金钱豹、大鲵等 24 种。

图 3-11　核桃

图 3-12　板栗

图 3-13　连翘

图 3-14　丹参

商洛地区在地质历史中经历了加里东运动、华力西运动、印支运动和新构造活动,以及优地槽的褶皱回返过程,地质构造发育,岩浆活动频繁,断裂构造、岩浆及热液活动为成矿提供了有利条件,形成了较为丰富的矿产。截至 1999 年底,全区已发现各类矿产 60种,开发利用的 50 种,已探明矿产储量的 46 种。其中大型矿床 15 处,中型矿床 24 处,潜在价值 800 多亿元。探明储量居全省首位的有铁(见图 3-15)、钒(见图 3-16)、钛、银、锑、铼、水晶、钾长石等 20 种,居第二位的有铜、锌、钼、铅等 13 种,具有矿种多、分布广、找矿和开发利用潜力大的特点。

图 3-15　铁矿石

图 3-16　钒矿石

（2）良好的旅游环境

历史上,商洛受地壳构造运动影响强烈,山稠岭密,群峰阻隔;河流主要有丹江、洛河、旬河、金钱河和乾佑河,支流密布,横跨长江、黄河两大流域,山清水秀,风景如画。该市风土民情,既受秦晋、关中文化之砥砺,有北国秦风之粗犷,又受巫楚文化之影响,有南国楚韵之灵秀,形成了一系列商洛人文生态景观。

"承秦文化之阳刚,蓄楚文化之柔美"的商洛,自古以来,就是名人漫游、雅士揽胜之地。商山四皓、李白、韩愈、白居易、杜牧、温庭筠等,都曾游历或寓居商山洛水,留下千古绝唱。四皓"修道洁己",隐居小仕,吟有《采芝》;李白泛舟仙娥溪后感叹:"此欢焉可忘。"白居易"我有商山君未见,清泉白石在胸中",韩愈"云横秦岭家何在",杜牧"枕绕泉声客梦凉",温庭筠"鸡声茅店月,人迹板桥霜",许浑"随蜂收野蜜,寻麝采生香"等,都是盛赞商洛山色风物的佳句。这里乡风淳朴,民众喜好柞水渔鼓、秦腔豫剧。主要剧种有秦腔、花鼓、道情、二黄、豫剧以及民间的山歌、号子等。20世纪50年代的《夫妻观灯》,60年代的《一文钱》,70年代的《屠夫状元》,80年代的《六斤县长》、《凤凰飞入光棍堂》,90年代的《山魂》,21世纪初的《月亮光光》等剧目,均获得省级以上创作一等奖,成为人们喜闻乐道的"文化大餐"。商洛人才辈出,一代文豪贾平凹及其故居(见图3-17),更是商洛文化的一大亮点。

商洛文化底蕴深厚、人文资源丰富,有众多名胜古迹,包括洛南猿人遗址、"商鞅封邑"遗址、秦国要塞武关、武周大云寺(见图3-18)、明代修建的东龙山双塔、李自成屯兵养马的"闯土寨"、清代"船帮会馆"等。区内有很多独特的山、洞、水自然风光。柞水溶洞(见图3-19)有鲜明的喀斯特地貌特征,被誉为"北国奇观、西北一绝";牛背梁是国家级羚牛自然保护区;月一江漂流惊险刺激,为西北首漂;金丝峡(见图3-20)是新兴的省内旅游热点;山阳的天竺山森林公园、月亮洞、漫川关等景区景点沿途树木葱茏,空气清新,是生态旅游的极佳去处。

图3-17　贾平凹故居

图3-18　大云寺

图 3-19　柞水溶洞　　　　　　　　　　　　　　图 3-20　金丝峡

（3）显著的区位优势

商洛市辖商州、洛南、山阳、丹凤、商南、镇安、柞水 1 区 6 县,位于陕西省东南部、秦岭东段南麓,毗邻湖北、河南,北临潼关,南通巴蜀,东连中原,西达西安,现为长安东南门户,地理位置十分优越。这种优越的地理位置为商洛依托毗邻省份和地区共同发展提供了比较有利的条件。过去由于受到交通条件限制,这些优势发挥受到制约。改革开放以来,特别是西部大开发以来,商洛市加快了交通、通信等基础设施建设的步伐。

2007 年 1 月 20 日,国家高速包茂线西安至柞水段建成通车,西柞高速成为商洛第一条高速公路,柞水也成为商洛通上高速公路的第一县。2008 年 10 月 26 日,国家高速沪陕线西安至陕豫界高速公路建成通车,使商洛中心城市融入西安一小时经济圈,商洛通高速公路的县区由 1 个增加到 4 个。2008 年 11 月 28 日,国家高速包茂线柞水至安康小河段建成通车,镇安县通上高速,商洛通高速的县区增加到 5 个。2009 年,国家高速福银线商州至漫川关正式建成通车,山阳县通上高速,商洛 7 个县区有 6 个县区通高速公路。包茂、沪陕、福银 3 条穿越商洛的国家级高速公路在商洛境内的通车总里程达到 355 km。商洛也成为陕西 11 个市区高速公路网最为密集的城市(见图 3-21)。长风破浪会有时,直挂云帆济沧海。高速公路建设改变了商洛,给商洛带来了商机和前景,吸引更多的客商落户商洛,开发商洛的条件日益成熟。

3.2.2.2　劣势(Weakness)

商洛市位于陕西省东南部,处于鄂、豫、陕 3 省交界的秦巴山区,是国内最贫穷的地区之一。阻碍商洛自身经济发展的劣势主要表现为区内工业化程度底、土地资源稀缺、劳动力大量剩余和区内城乡居民收入偏低。

（1）工业化程度低

商洛地区没有大型的工业企业,现有企业规模小,设备陈旧,技术装备落后。其工业化程度较低主要表现在以下三个方面。

①工业经济结构不够合理

一是产业结构上畸重畸轻。重工业比重较大,轻工业发展相对滞后;传统产业比重较大,高新技术产业规模偏小,特别是信息产业尚在起步阶段。二是产品结构上知名品牌不多。传统产品比重大,高新技术产品少。2004 年新产品产值仅 4 174 万元,只占工业产值的 2%。初级产品多,最终产品少,产品附加值低。几乎没有全国知名品牌,省级名牌产

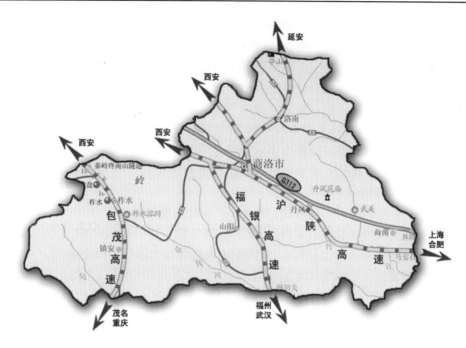

图 3-21　商洛市高速公路图

品仅取得初步突破。三是布局结构上区域特色不明显。山镇柞、境内丹江流域和洛南三个经济区尚未形成三大经济特色。不少县区至今尚未建设工业项目区。

　　②企业综合竞争力亟待提高

　　一是不少工业企业尚未根本改变高能耗、高物耗、低产出的粗放型增长方式。二是规模以上企业少,户均资产不到 2 751 万元,其中有的企业资产质量还不高。三是工业整体经济效益水平低于全省平均水平。2004 年规模以上工业企业经济效益综合指数虽比上年大幅提高,但仍比全省平均水平低 33.14 个百分点,而且分别比安康、榆林低 8.68 和 15.68 个百分点;总资产贡献率为 10.7%,比全省低 1.68 个百分点;全员劳动生产率 36 651 元/(人·年),只相当于全省的 48.57%。工业增加值率比全省低 6.58 个百分点。四是企业技术创新能力不强。全市技术市场发育不足,企业具有核心竞争能力的原创性发明专利少,缺乏具有自主知识产权的核心技术。五是对外开放水平不高。缺少有实力的"三资"企业,引进国外资金尚未实现新突破。六是企业管理体制和运行机制有待进一步转变。企业普遍受旧体制惯性作用影响较深,距建立现代企业制度的要求差距较大。有的企业法人治理结构不够规范,有效的监督和制约机制尚未形成。企业内部人事、用工和分配制度改革还没有完全到位,彻底转换经营机制的任务十分艰巨。

　　③工业发展投入严重不足

　　2004 年全市工业投入占整个固定资产投资的比重仅为 15.81%,远低于全国、全省平均水平。2004 年第二产业增加值只有 26.22 亿元,仅占 GDP 的 30.09%,低于全省 19 个百分点。其中工业增加值只有 11.83 亿元,占 GDP 的 13.57%。

　　(2)土地资源稀缺

　　商洛水源地是一个"八山一水一分田"的贫困山区,基础设施落后,人均占有有效资源稀缺,人均有效耕种面积和灌溉面积少。2008年,商洛市共有耕地总资源223万亩,人均仅0.94亩。商洛水源地是生态环境极度脆弱的地区,环境问题特别是次生环境问题突出,干旱、暴雨、洪涝、水土流失、土地污染、地质灾害等自然灾害频发,使农业生态环境面临严重挑战,给商洛水源地农业持续发展造成严重约束。同时,不断增长的非农业建设耕地占用,使人地矛盾更加尖锐。商洛水源地为给京津地区送好水、送清水,在环境与发展的取舍上,首先是保护,其次才是自身发展,为此,商洛作为输水地比其他地区付出更高的代价,牺牲了更多自身利益。商洛市因水源地保护而进行退耕,同时相应地减少了商洛地区的人均耕地面积,使得其人均耕地远远低于全国平均水平。

(3)劳动力大量剩余

人多地少,生态脆弱,是引起农村劳动力剩余的前提条件。商洛市人均耕地仅0.94亩,且随着退耕还林步伐的加快和铁路、高速公路等重点建设用地的增加,人多地少的矛盾进一步加深,农村劳动力大量剩余,从而形成农村劳动力转移的内在推力。

2004年,随着丹江口水库大坝加高工程开始,南水北调(中线)水源工程建设全面展开。商洛地区作为南水北调(中线)工程主要水源地,为了保障流域的生态安全、保障流域水资源的可持续利用,投入了大量的人力、财力和物力。然而,商洛水源地是全国为数不多集中连片的贫困地区,所属7县区均属国家级贫困县,全区贫困人口约16万人,很难独自承担保护流域生态环境的重任。商洛市现有人口资源243.23万人,其中农业人口205.63万人,农村人口占总人口的84.5%,劳动力资源拥有量118.2万人,其中,农村劳动力103.2万人,全市约有剩余劳动力60万人。劳动力大量剩余,且整体素质低下。全地区文盲率2000年为9.79%,大专及大专以上文化程度3.53万人,高中和中专文化程度17.42万人,初中文化程度67.74万人,小学文化程度105.60万人。

(4)区内城乡居民收入偏低

在2008年全省83个县、24个区的综合经济实力排序中,商州区居24个区的第22名,6县中没有一个进入上游前28名,居中游29~56位的有柞水、镇安、洛南,居下游57~83位的有商南、山阳、丹凤,县域经济综合实力整体靠后。2008年全市城镇居民人均可支配收入10 688元,比全省平均水平12 858元低2 170元,收入最高的商州区为11 007元,比全省最高的神木县16 075元低5 068元;农民人均纯收入2 401元,比全省平均水平3 136元低735元,收入最高的丹凤县为2 617元,比全省最高的神木县6 028元低3 411元。

3.2.2.3 机遇(Opportunity)

近年来,关中—天水经济区的建立、商丹循环工业经济园区工程建设的启动以及商洛融入西安一小时经济圈为商洛地区的建设和发展提供了前所未有的大好机遇。

(1)关中—天水经济区

国务院已正式批准了《关中—天水经济区发展规划》,商洛市的商州、洛南、丹凤、柞水1区3县被列入经济区规划范围。关中—天水经济区(见图3-22)范围包括陕西的西安、咸阳、渭南、铜川、宝鸡、杨凌、商洛6县1区和甘肃省天水市,总面积6.96万km²。规划编制时间表近期到2020年,远期规划为2040年。2009年4月底前,完成规划初稿;2009年6月底前,征求有关方面的意见,组织专家评审,修改完善规划;2009年9月底前,报国务院或经国务院同意由国家发展和改革委员会审核批复;2009 年 10 月,规划经批准后正式实施。

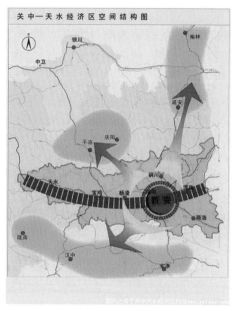

图 3-22　关中—天水经济区空间结构图

关中—天水经济区的总体目标定位是:建设成为西部及北方内陆地区的"开放开发龙头地区","以高科技为先导的先进制造业集中地,以旅游、物流、金融、文化为主的现代服务业集中地,以现代科教为支撑的创新型地区,领先的城镇化和城乡协调发展地区,综合型经济核心区,全国综合改革试验示范区"。农业方面,要建成全国重要的在世界上有重要影响的果业、畜牧业基地,建成全国农业示范基地和航天育种基地。经济每年以12%的速度增长,到 2020 年农民人均纯收入达到 11 500 元。

西部大开发战略实施以来,关中—天水经济区的软、硬件环境已经得到极大改善,产业投资的集聚效应逐步凸显,为跨越式发展奠定了坚实基础。国家坚定不移地继续深入推进西部大开发,必将为经济区跨越式发展带来更多新的机遇,使商洛发挥其突出的区位优势,为建设商洛、发展商洛提供了前所未有的大好机遇。

(2)商丹循环工业经济园区

商丹循环工业经济园区位于商州和丹凤之间,辐射面积 98 km²,2020 年前拟建面积为 25 km²。《商丹循环工业经济园区总体规划》以商洛发电厂为支撑,重点布局了光伏产业循环发展链、盐化工与水泥生产循环发展产业链、氟材料循环发展产业链、锌及锌合金材料循环发展产业链、钒材料与新能源循环发展产业链、钼材料及钼金属制品循环发展产业链、钛材料循环发展产业链、镁材料与汽车零部件循环发展产业链、钢材料循环发展产业链、煤电循环发展产业链等 10 个循环产业链 44 个项目,并与园区外 54 个项目形成了互相结合、左右支撑、关联配套、循环发展的格局。规划布局的 10 个循环产业链 44 个项目总投资 570.87 亿元,全部建成达效后,年可实现销售收入 1 272.72 亿元、利润 207.34亿元、税金 143.31 亿元,并可提供各类就业岗位 48 261 个,年可增加稳定性收入 10.162

亿元,同时可带动 14.5 万农村人口向城市转移,使商丹城市化水平提高 17% 以上。

2009 年 5 月 13 日商丹循环工业经济园区举行盛大揭牌仪式(见图 3-23),总投资 107.5 亿元的商洛发电厂、氟硅产业园一期项目、商洛炼锌厂 10 万 t 电锌废渣综合回收利用等 10 个重大项目在园区同时开工,标志着商丹循环工业经济园区工程建设正式启动。该项目的实施,对实现工业废渣零排放,建设环境友好型、循环经济型企业具有十分重要的意义。

图 3-23　商丹循环工业经济园区揭牌仪式

(3)纳入西安一小时经济圈

2007 年签订的《西安—商洛经济合作协议书》中明确规定,两市将建立"平等、互信、友好、长期"的经济技术协作和资源共享合作关系,将商洛纳入西安一小时经济圈,今后将在招商引资、项目嫁接、信息资源、经济技术和人才交流等领域,积极拓展合作与发展的空间。在编制两市中长期发展规划时,相互通气,统筹考虑,合理布局。积极拓展两市在劳务输出方面的合作空间,相互提供劳务供需信息。西安积极创造条件,为商洛在西安设立劳务输出机构提供便利,在一定程度上缓解了商洛地区剩余劳动力的输出问题。

商洛市要紧紧抓住纳入关中—天水经济区、商丹循环工业经济园区和纳入西安一小时经济圈的历史机遇,充分发挥区位和资源优势,以大力发展循环经济为方向,牢牢抓住项目建设不动摇、不放松,精心策划大项目、稳步实施大项目、强力推进大项目,真正以项目建设的大成效来实现经济社会的大发展,以经济社会的大发展来确保让人民群众得到更大更多的实惠。

3.2.2.4　威胁(Threat)

在商洛经济发展的进程中也存在着一些外部威胁,如因为保护水源地经济发展受到限制,由于政策、环境等条件的限制而导致人才竞争力较弱,思想观念落后等大大制约了商洛经济的发展。

(1)保护水源发展受限

商洛水源地为给京津地区送好水、送清水,在环境与发展的取舍上,首先是保护,其次才是自身发展,为此,商洛作为输水地比其他地区付出更高的代价,牺牲了更多自身利益。商洛市因水源地保护而关闭的企业众多,同时相应地增加了商洛地区的失业人数,带给输水地政府巨大的社会压力,无形中增添了农村剩余劳动力的数量。为了保护水源,关闭了一批污染严重的矿山企业和皂素化工企业;由于在矿产开发、企业投资上的要求很高,许多企业面对苛刻的环保要求,望而却步。

(2)人才竞争力弱

人才是经济发展最重要的要素之一。在人才要素充分流动的今天,各经济区域都纷纷制定吸引高层次人才的优惠措施,呈现出在人才竞争上的马太效应。商洛地区不仅内生型人才严重不足,而且人才外流现象也很突出,人才严重匮乏。由于受政策、环境、待遇等条件的限制,近些年大中专学生回县率很低,到县域企业工作的更少,大量人才流向沿海地区和大中城市,造成人才断茬、青黄不接,直接影响了县域创新能力和经济竞争力的提升。

(3)思想观念落后

思想观念落后是商洛经济落后的重要原因,在一些经济落后和偏僻的地区,农民仍然受小农经济的影响,习惯于计划经济的传统模式,习惯了过紧日子,日求三餐,夜求一宿。一些农民感到现在住的是瓦房,吃的是细米,手里不缺钱花,形成了知足常乐、安于现状、不求进取的思想。一些农民习惯于广种薄收,只耕耘,不算收益,品种老化,更新缓慢,相信老一套的生产模式,对新的生产技术不愿接受。有的农民认为农业收成好坏在于年景,因而对农田水利建设、农作物保护等舍不得投入,导致生产条件得不到改善,农业发展缺乏后劲。有的农民不是根据市场需求安排种植,而是人云亦云,搞盲目种植,"哪种作物热种哪一种",造成产品积压、销路不通。如今在商洛地区的农民中普遍存在一些落后的思想观念,这些观念不更新,势必影响到商洛的经济发展。商洛水源地经济发展的SWOT分析可归纳如表3-4所示。

表3-4 商洛水源地经济发展的SWOT分析表

	机遇	威胁
外部环境	·关中—天水经济区促进商洛经济发展 ·商丹循环工业经济园区利于商洛地区进行产业结构调整 ·融入西安一小时经济圈带动商洛经济发展	·由于保护水源,发展受限,存在重污染企业 ·人才竞争力弱,人才外流现象突出 ·思想观念落后,影响经济发展
	优势	劣势
内部环境	·商洛市自然资源比较丰富,素有"南北植物荟萃、南北生物物种库"之美誉,区内蕴藏着丰富的矿产资源 ·文化底蕴深厚、人文资源丰富,有众多名胜古迹,具备良好的旅游环境 ·交通便利,区位优势显著	·商洛地区工业化程度底,工业经济结构不够合理,企业综合竞争力亟待提高 ·耕地稀缺,生态环境脆弱 ·劳动力大量剩余,且整体素质低下 ·区内城乡居民收入偏低,导致综合经济实力较弱

3.2.3 商洛市经济发展的建议

商洛经济的发展必须结合本市经济发展的实际,准确把握和发挥本地区的区域优势。

实践证明,能否把握和发挥区域优势,是促进本地区社会经济持续健康发展的关键所在。因此,要使商洛经济得到发展,必须通过反复的调查研究,吃透商洛市情,充分认识和把握商洛区域经济优势,扬长避短,防止短期行为,着眼于长远发展。

3.2.3.1　生态立市——发展循环经济

坚持生态立市,建设资源节约型、环境友好型社会,实现经济社会协调、可持续发展。发展循环经济,减少废物排放,保护生态环境,有利于生态资源的永续利用。生态环境是商洛经济发展的优势所在,处理好经济发展与生态环境的关系,促进生态环境与经济发展的良性循环,是实现可持续发展的长期任务。随着经济的高速增长,商洛同样面临资源和环境保护两大挑战。发展循环经济有利于在快速发展的进程中,把经济效益、社会效益和环境效益统一起来,解决好经济建设与生态环境的矛盾,实现生态环境对经济建设的持续支撑,使商洛独特的生态资源得以永续利用,推动整个社会走上生产发展、生活富裕、生态良好的文明发展道路。

循环经济是按照"资源—产品—废弃物—再生资源"的模式发展的,这种模式不仅可以提高资源利用率,经济效益好,还有利于工业化健康发展。走科技含量高、经济效益好、资源耗费低、环境污染少、人力资源优势得到充分发挥的新型工业化道路,可以避免重蹈"先污染后治理"、"先破坏后恢复"的覆辙,要抓住经济结构和产业布局调整的有利时机,用循环经济理念促进产业结构调整,用循环经济理念、政策,激励企业和社会追求科学的经济增长模式,促进工业化的健康发展。

循环经济可以变资源环境和经济发展两难为"双赢",有利于经济社会全面、协调、可持续发展。商洛市资源型经济特征明显,管理水平相对落后,自然资源与经济社会发展之间的矛盾十分突出。加快发展是商洛的硬道理、最根本的任务。要把资源优势转化为发展优势,走以最有效利用资源和保护环境为基础的循环经济之路。

3.2.3.2　产业兴市——发展特色产业

加大实施产业兴市战略力度,着力培育成长性强、市场潜力大的支柱产业,积极改造传统产业,推进产业结构优化升级。依靠三个带动,以扩大产业规模、增强自主创新能力、提高深加工水平为重点,大力发展现代中药、绿色食品、生态旅游、矿产建材、劳务输出五个特色产业。

(1)做强现代中药

加快药业由中药材基地向饮片、萃取物、成药、医疗保健品等深加工转变,不断提高科技含量和增值水平。开发一批具有商洛药业特色的优势品牌产品,扩大优质中药材、中药原料药、中成药、保健品、药浴药膳等现代特色中药生产规模,逐步形成规模较大、功能较齐全的集品种研发、生产加工、贸易展示于一体的现代中药生产、科研、产品制造基地。

(2)做特绿色食品

充分发挥商洛发展绿色农畜果产品的比较优势,以开拓西安市场为重点,加大系列营养型、保健型绿色食品开发力度。依靠科技和管理,加快基地规模化、生产标准化、产品无公害化发展步伐,开发富有商洛特色的绿色食品基地,培养壮大绿色食品企业,打造商洛绿色食品品牌。

（3）做精生态旅游

生态旅游是到相对未受干扰或未受污染的自然区域旅行，有特定的研究主题，且欣赏或体验其中的野生动、植物景象，并关心该区域内所发现的文化内涵。商洛市应坚持走建设精品景区的路子，以建设西安"后花园"为目标，整合生态、人文旅游资源，大力发展生态旅游。

（4）做大矿产建材

按照"抓大限小、扶优扶强"的思路，积极培育和规范矿业市场，提高矿业开发市场准入门槛，整合矿产资源，对有资金实力、先进开发技术和管理经验的矿产企业，优先配置采矿权。整合矿产开发企业，内引外联，培育发展大中型矿产企业和企业集团。依托引进吸收先进工艺技术，着力实施矿产深加工项目，推动矿产企业由以采选为主向采选—深加工一体化开发转变，着力推动优势矿产企业向深加工发展，提高资源就地转化利用程度。重点开发柞水大西沟铁矿，商南石英石，山阳、镇安、商南钒矿，洛南黄龙钼矿和灵口钾长石，商南青河—新庙金红石，镇安、丹凤、山阳的优质石灰石，努力把商洛建成全省金属和非金属矿产重要接续地。

（5）做好劳务输出

依托商洛市在西安、南京等地建立的劳务输出基地，建设北京、天津等受水区新基地，加快劳力型劳务输出向技能型劳务输出转变，提高外出务工人员创收能力，打响商洛特色劳务品牌，推动商洛市富余劳动力向外转移。

3.2.3.3　工业强市——加强工业项目建设

落实好《关于加快工业经济发展的决定》，大力推进"工业强市"战略，努力在解决工业经济发展的薄弱环节问题上取得突破，使工业经济对财政的贡献率大幅提高。把握国家产业政策，跟进市场发展趋势，加强工业企业技术改造，支持重大财源项目建设，壮大现代中药、绿色食品、矿产建材三大工业支柱产业。

（1）加大招商引资工作力度

"十五"期间，商洛市抓住西部大开发的机遇，商洛市政府制定了"三带一兴两促进"发展思路，围绕医药、矿产、生物、旅游、特色产业招商引资，加大了招商引资工作力度。招商引资工作涉及经济、社会、文化、政治工作的各个领域和层面，必须以科学发展观为指导，用开放的思维激活招商思路。招商工作部门要敢于跳出习惯性思维模式，客观立体地思考和分析问题，善于开辟新视角，提出新对策，多管齐下，多措并举地解决招商引资工作中遇到的实际问题，妥善处理招商地域失地农民与招商企业在土地征用、资源损害等方面引发的利益上的矛盾和纠纷。商洛近几年招商引资工作之所以取得了可喜成效，正是由于：一方面善于从解决事关全局性、根本性、紧要性问题入手，善于从重点部位和关键环节切入，以点撑线，以线促面，以关键环节的突破带动整体工作的突破；另一方面注重整合资源，综合开发，在具体工作上强调上下联动，以下促上，以上带下，强调加强内外协作，用足内力，借助外力，共同推进招商引资工作科学发展。在第十三届西洽会上，商洛市共签约招商引资项目64个，总投资237.71亿元，引资236.40亿元，其中合同项目51个，总投资186.78亿元，引资186.12亿元。签约协议项目13个，引资50.29亿元。特别是总投资50亿元的商洛发电厂一期工程项目、投资20亿元的中金集团镇安金岭金矿、投资24亿元的洛南钾长石综合开发项目、投资 17.748 亿元的延长集团商洛氟硅化工产业园、投资 5 亿元的比亚迪 100 MW 太阳能电池项目、投资 8 亿元的国电集团商南莲花台电站等项目的签约,有力地促进了商洛市招商引资工作迈上了新台阶,为商洛市的突破发展注入新的活力。

(2)增加工业项目储备

高度重视项目信息,充分利用网络资源,及时收集、分析和提取有价值的信息,发掘项目。进一步创新工作思路,跳出资源、地域等因素的限制,拓展项目建设领域,围绕各项政策谋划、筛选、论证一批与产业政策、投资政策相对接的项目。密切关注经济发展动态,认真分析国家、省、市宏观调控政策对商洛投资和项目的影响,及时对工业项目储备提出对策建议。深入调查研究,掌握基础资料。把调查研究作为经常性、基础性工作来抓,坚持理论与实践结合、政策与市情结合、当前与长远结合,明确调研内容,突出调研重点,注重调研质量,发现问题、查漏补缺,总结经验,不断拓宽项目储备工作思路。紧紧围绕市委、市政府中心工作和当前经济发展形势,抓住优势资源开发、项目运作、技术改造、节能减排、融资等重点领域和热点问题,采取解剖麻雀的办法,逐项开展调查研究,认真撰写项目建议书,较好地发挥项目储备工作的作用。

(3)建设工业项目区发展平台

把工业项目区建成工业经济的平台、城市经济的载体、招商引资的窗口,促进工业经济实现突破发展。"十一五"期间,依据商洛市资源分布和工业发展的要求,在继续抓好刘湾产业项目区、柞水盘龙生态产业园建设的同时,以县区为主体,规划建设 14 个工业项目区,整合生产要素,增强聚集效应。坚持一区一策,制定土地供给、项目审批、融资支持、税费优惠、服务保障等各项措施,优化项目区投资环境,努力吸引战略合作伙伴来商洛创业。

(4)加快工业技术引进和创新

建立健全企业技术创新激励机制和以企业为中心的技术创新体系。围绕现代中药、矿产建材、绿色食品等主导产业发展,引导骨干企业加强与市内外大专院校、科研单位加强产学研合作,强化技术引进和消化吸收,加强技术创新和新产品研发,着力培育一批科技先导型企业。到 2010 年,培育 5~10 个产业关联度大、龙头带动作用强的科技先导型企业,开发 10~15 个市场容量大、科技含量高、经济效益好的拳头产品,科技成果和专利产品转化率达到 50% 以上。

(5)加大工业扶持力度

①建立工业发展基金。按照市级筹措 1 000 万元以上、县(区)筹措 500 万~1 000 万元的规模,分级建立工业发展专项基金,并用当年新增地方财力的 10% 予以充实,用于对重点工业项目和企业的信用担保、贷款贴息以及奖励、补贴和流动资金借用周转等。鼓励发展多种形式的商业性、互助性担保基金和中介服务机构,引导有实力的非公有制企业成立联合担保公司,积极向上争取扶持资金,盘活企业现有资产,多渠道解决银企合作中企业贷款担保难的问题。统筹各类资金,在政策许可的前提下,优先用于发展工业经济。

②加大工业政策支持力度。落实财税扶持政策。认真落实国务院关于西部大开发和支持老、少、边、穷地区的税收优惠政策,对符合产业政策的生产性项目,减按 15% 征收企

业所得税。落实企业技术改造项目购置国产设备抵免新增所得税、引进设备减免关税和进口环节增值税、资源综合利用项目免征所得税和增值税、外贸出口退税等税收优惠政策。鼓励企业加大技术开发投入。落实企业技术开发费加计扣除的税收优惠政策。指导企业规范财务管理，积极争取省各项政策性财政资金支持。完善工业用地政策。优先保障工业项目建设用地指标，通过调剂、盘活、置换、入股、出让等形式，多渠道解决工业项目用地。根据项目投资规模、效益等情况，实行工业用地最高限价。按法律和政策规定的下限收取土地开垦费、勘界登记费、水利建设基金和耕地占用税，降低工业项目建设用地成本。凡报件材料齐全的工业建设用地申请，国土资源部门要在 10 日内审查完毕并报省政府审批。减免工业项目建设收费。按政策规定下限或免收工业项目建设各项规费。减免基础设施配套费。免收工程定额管理费、图审费、墙改费、招标交易费、热力配套费、防雷设施费、散装水泥基金等。

③加大工业融资支持力度。建立政府、银行、企业联席会议制度，组织经常性的银企合作及项目推介活动，利用多种形式向金融机构推介重点项目，对金融机构扩大信贷投入实行考核奖励。金融机构要改进和完善金融信贷审批、信用评级、信贷考核、抵押担保、利率定价等信贷管理机制，按照贷款的安全性、流动性、效益性，选准贷款切入点，加大信贷投放力度，支持有市场、有效益、守信用的企业稳步发展，解决工业企业贷款难的问题。

④加强人才队伍建设。把熟悉经济工作、精通项目策划、经济管理素质高、工作作风扎实、开拓创新能力强的优秀人才，更多地选拔到发展工业的组织领导岗位上。着力培育一批懂经营、会管理、素质高的企业家队伍。对有突出贡献的企业家，政府予以奖励。

⑤扶持民营企业发展。落实商洛市《关于支持和引导非公有制经济发展的实施办法》，推行各种所有制经济平等准入的经济体制，重点加强和改善政府对民营企业的支持、服务和组织引导。鼓励民营企业涉足高科技产业，拓展工业发展领域。加大民营企业经营管理人才培养力度，全面提高企业生产经营管理、资本运作等方面的实力和水平。有选择性地发展一批年销售收入过亿元的民营企业，将其打造成为支撑工业经济发展的骨干力量。

通过对商洛地区的经济发展进行 SWOT 分析，从而有效地将商洛地区的战略规划目标与全市国民经济发展的大局、区域内部资源、外部环境进行有机整合，明确商洛面临的机遇和挑战，转化相对劣势，改造可能威胁，发挥最大优势，赢得发展机会，促进商洛地区经济的快速发展。

第4章 南水北调(中线)工程对商洛水源地社会发展的影响分析

我国水资源南北分布极不均匀,南方水多、北方水少是我国的基本国情。南水北调是为缓解京津及华北地区日益严重的水资源短缺而建设的跨流域特大型引水工程,也是我国继三峡工程之后,又一项实施水资源优化配置,保障经济社会可持续发展,全面建设小康社会的重大战略性基础设施。

4.1 南水北调工程概况

南水北调工程是解决我国北方水资源严重短缺问题的重大战略措施,南水北调分为东、中、西三条调水线路,南水北调工程的实施,是我国长江流域、黄河流域水资源的一次带有全局性和战略性的结构调整。工程完工后,它将与长江、淮河、黄河、海河四大流域相连相通,构成我国水资源"四横三纵、南北调配、东西互济"的新格局,其社会、经济、生态与环境等综合效益极为显著。

4.1.1 南水北调(东线)工程

南水北调(东线)工程(见图4-1)从长江下游抽水,供水范围涉及苏、皖、鲁、冀、津5省市。东线工程利用江苏省江水北调工程,扩大规模,向北延伸。规划从江苏省扬州附近的长江干流引水,利用京杭大运河以及与其平行的河道输水,连通洪泽湖、骆马湖、南四湖、东平湖,并作为调蓄水库,经泵站逐级提水进入东平湖后,分水两路,一路向北穿黄河后自流到天津,另一路向东经新辟的胶东地区输水干线接引黄济青渠道,向胶东地区供水。工程可为苏、皖、鲁、冀、津5省市净增供水量143.3亿 m^3,其中生活、工业及航运用水 66.56 亿 m^3,农业用水 76.76 亿 m^3。东线工程是在现有的江苏省江水北调工程、京杭大运河航道工程和治淮工程的基础上,结合治淮计划兴建一些有关工程规划布置的。东线主体工程由输水工程、蓄水工程、供电工程三部分组成。

东线工程实施后可基本解决天津市,河北省黑龙港运东地区,山东鲁北、鲁西南和胶东部分城市的水资源紧缺问题,并具备向北京供水的条件,同时为京杭大运河济宁至徐州段的全年通航保证了水源,还使鲁西和苏北两个商品粮基地得到巩固和发展。

4.1.2 南水北调(中线)工程

南水北调(中线)工程(见图4-2)从长江支流汉江上的丹江口水库引水,沿伏牛山和太行山山前平原开渠输水,终点为北京。远景考虑从长江三峡水库或以下长江干流引水增加北调水量。南水北调(中线)工程具有水质好、覆盖面大、自流输水等优点,是解决华北水资源危机的一项重大基础设施。南水北调(中线)工程可调水量按丹江口水库后期规模完建,正常蓄水位 170 m 条件下,考虑 2020 年发展水平在汉江中下游适当做些补偿工程,保证调出区工农业发展、航运及环境用水后,多年平均可调出水量 141.4 亿 m³,一般枯水年(保证率 75%)可调出水量约 110 亿 m³。供水范围主要是唐白河平原和黄淮海平原的西中部,供水区总面积约 15.5 万 km²。因引汉水量有限,不能满足规划供水区内的需水要求,只能以供京、津、冀、豫、鄂 5 省市的城市生活和工业用水为主,兼顾部分地区农业及其他用水。

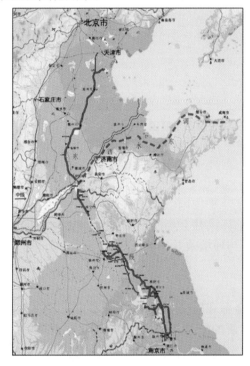

图 4-1 南水北调(东线)工程线路示意图　　图 4-2 南水北调(中线)工程线路示意图

南水北调(中线)主体工程由水源区工程和输水工程两大部分组成。水源区工程为丹江口水利枢纽后期续建和汉江中下游补偿工程;输水工程即引汉总干渠和天津干渠。

4.1.3 南水北调(西线)工程

南水北调(西线)工程(见图 4-3)简称西线调水,是从长江上游调水至黄河。即在长江上游通天河、长江支流雅砻江和大渡河上游筑坝建库,坝址海拔 2 900~4 000 m,采用引水隧洞穿过长江与黄河的分水岭巴颜喀拉山调水入黄河,是从长江上游干支流引水入黄河上游的跨流域调水的重大工程,用于补充黄河水资源不足,主要解决涉及青海、甘肃、宁夏、内蒙古、陕西、山西等黄河上中游地区和渭河关中平原的缺水问题。在规划的 50 年间,南水北调西线工程总体规划分三个阶段实施,第一阶段调水 40 亿 m³,第二阶段调水达到 90 亿 m³,第三阶段调水达到 170 亿 m³,总投资将达 4 860 亿元。

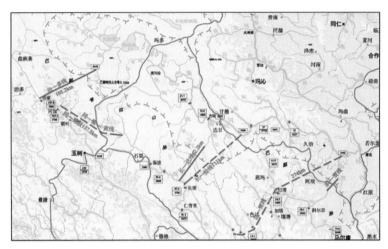

图4-3　南水北调(西线)工程线路示意图

4.2　南水北调工程效益分析

南水北调东、中、西三线工程全部实施后,多年平均调引长江水380亿~480亿 m³,将缓解黄淮海地区水资源紧缺的矛盾,促进调入地区的社会经济发展,改善城乡居民的生活供水条件和生态环境,将产生巨大的社会、经济与环境效益。

4.2.1　社会效益分析

受水区内,首都北京是全国的政治、文化、金融和外交中心,天津是华北最大的工业基地与重要的外贸港口;河北、河南则处于承东启西的华北经济圈;山东是高速发展的经济大省;西北地区和华北西部地区是我国能源、原材料和重化工基地,是西部大开发的重点地区。纵横供水区内的京广、陇海、京浦、焦枝、京九、兰新等铁路沿线有众多的工业城镇,是我国生产力布局的重要区域。南水北调工程实施后,由于供水条件的改善,不仅可以促进供水区的工农林牧业生产和经济发展,而且提供了更好的投资环境,可吸引更多的国内外资金,加大对外开放的力度,为经济发展创造良好的社会条件。同时,可以缓解城乡争水、地区争水、工农业争水的矛盾,有利于社会安定团结;也可以避免一些地区长期开采饮用有害深层地下水而引发的水源性疾病,遏制氟骨病与甲状腺病的蔓延,有利于提高人民的健康水平。

4.2.2　经济效益分析

南水北调工程全部实施后,年均调水量380亿~480亿 m³,有效利用水量300亿~350亿 m³。东线调水量按40%提供工业和城镇用水,60%为农业及生态用水;中线调水量的65%供工业和城镇用水,35%供农业及生态环境用水;西线供水量中工业、城镇与农林牧业及生态环境各占50%。按照工业产值分摊系数法推算工业及城镇供水效益,按灌溉效益分摊系数法测算农业及其他供水效益。综合各项效益,按目前价格水平,南水北调工程年均经济效益600亿~800亿元。

4.2.3　生态与环境效益分析

南水北调工程水源的优良水质,可增加供水区城市生活、工业用水,改善卫生条件,有利于城市环境治理和绿化美化,促进城市化建设。同时,可增加农林牧业灌溉用水,改善农林牧业生产条件,调整种植结构,提高土地利用率。还可改污水灌溉为清洁水灌溉,减轻耕地污染及对农副产品的危害。提高北方供水能力后,可以减少对地下水的超采,并可结合灌溉和季节性调节进行人工回灌,补充地下水,改善水文地质条件,缓解地下水位的大幅度下降和漏斗面积的进一步扩大,控制地面沉降造成对建筑物的危害。调水后通过合理调度,可向干涸的洼、淀、河、渠、湿地补水,增强水体的稀释自净能力,改善水质,恢复生机,促进水产和水生生物资源的发展,使区域生态环境向良性方向发展。

4.2.4　生命的价值分析

水是人类生存和发展不可或缺的,是一切生命存在的基础条件。水是现代农业、工业生产的重要资源,是国民经济的命脉,是人类社会发展的基石。2009 年北京市水价在原本基数很高的情况下上调,并面临着继续上涨的压力;华北其他地方用水也全线告急;2008 年山西在干旱之年仍需要向北京送水 5 000 万 m^3;各省市、地市之间因水资源归属问题不断造成纠纷……如果不从根本上解决北方缺水问题,因缺水带来的将是人类生存的问题(见图 4-4 和图 4-5)。水是农业发展的先决条件,没有水就没有绿色植物,就没有农业,人类就将因没有食物而死亡。没有绿色植物,地球即将成为荒漠一片,人类就没有生存之地。有了水人类才能生存,不能生存就谈不上发展。南水北调工程是一项跨流域的宏伟工程,旨在缓解北方水危机,实现南北经济齐飞,其意义深远,受世人瞩目。南水北调工程跨流域把水资源从南方调到北方,是解决北方缺水问题的较好办法。从根本上讲,南水北调工程解决的是缺水地区人民的生存问题。

图 4-4　干旱的土地　　　　　　图 4-5　干涸的河床

跨流域调水工程是人类运用现代科学技术,改造自然,改变人类生存环境,保护生态平衡和促进经济发展的伟大壮举。南水北调工程的兴建对华北的经济环境、生态环境以及社会环境都将带来巨大的改善,并带动全国经济和社会的持续发展与稳定。对缓解我国北方水资源严重短缺的局面,推动经济结构战略性调整,改善生态环境,提高人民群众的生活水平,增强综合国力,具有十分重大的意义。

4.3 南水北调(中线)工程水源地介绍

本节主要介绍了南水北调(中线)工程的水源地的水量情况及商洛水源地的水量平衡问题。

4.3.1 南水北调(中线)工程水源区

南水北调(中线)工程于 2003 年 12 月 30 日开工,目前已经开工的北京石家庄段应急供水工程开工建设 7 个单项工程,工程建设进展顺利,其中北京永定河倒虹吸工程已经基本完工。规划近期从汉江丹江口水库引水,年均调水量 95 亿 m³,工程大体上在 2010 年以前建成;后期进一步扩大引汉规模,年均调水量达到 130 亿 m³。工程预计在 2030 年完成。

南水北调(中线)工程水源区指的是丹江口水库大坝以上的汉江上游地区,包括汉江和丹江两大水系。汉江流域面积 15.1 万 km²,流域涉及鄂、陕、豫、川、渝、甘 6 省市的 20个地市 78 个县市。丹江发源于秦岭地区(陕西省商洛市西北部)的凤凰山南麓,经商洛市商州区、丹凤县、商南县,于荆紫关附近(商南县汪家店乡月亮湾)出陕西进入河南省淅川县,向南在湖北省原来与汉水交汇的地方注入丹江口水库。丹江全长 443 km,为汉江最长支流。汉江在陕西境内流长 652 km;丹江是汉江的一级支流,在陕西境内流长 249km,于湖北的丹江口水库与汉江交汇并入汉江。丹江口水库是亚洲最大的人工淡水水库之一,其 70% 的水来源于陕西省的汉江和丹江。

4.3.1.1 丹江口水库

汉江流域水资源总量由全流域的河川径流量和平原区的不重复地下水资源量所组成。按 1956 ~ 1998 年同步期资料统计,全流域地表水资源量为 566 亿 m³,地下水资源量为 188 亿 m³,两者重复水量为 172 亿 m³,水资源总量为 582 亿 m³。丹江口以上水资源总量为 388 亿 m³,占全流域的 66.7%。丹江口以下水资源总量为 194 亿 m³,占全流域的33.3%。

丹江口水利枢纽(见图 4-6)于 1958 年 9 月开工,1973 年建成初期规模,坝顶高程 162m,正常蓄水位 157 m,相应库容 174.5 亿 m³,死水位 140 m,极限消落水位 139 m,调节库容 98 亿 ~ 102.2 亿 m³,属不完全年调节水库。初期规模综合利用任务为防洪、发电、灌溉、航运及养殖。根据汉江流域规划,丹江口水库 1958 年批准建设的规模为水库正常蓄水位 170 m,在工程建设过程中因遭遇国家三年困难时期等改为分期建设,其中水下工程已按后期规模建设,水上工程也留有后期加高建设的工程措施。考虑到丹江口水库初期规模调节能力不足,为满足汉江中下游防洪和向北调水要求,2006 年 9 月,丹江口水库大坝加高工程开始实施。丹江口水库大坝从高程 162 m 加高到 176.6 m,加高 14.6 m,加高后正常蓄水位为 170 m,相应库容 290.5 亿 m³,死水位 150 m,极限消落水位 145 m,调节库容 163.6 亿 ~ 190.5 亿 m³,属不完全多年调节水库。

汉江流域地表水资源总量为 582 亿 m³,丹江口水库的正常蓄水位库容为 290.5 亿m³,汉江流域上游的地表水通过丹江口水库这个中介将其中的 110 亿 ~ 140 亿 m³ 水通过南水北调(中线)工程调到京津等缺水地区,剩下的 442 亿~472 亿 m³ 流入汉江中下游。

图 4-6　丹江口水利枢纽

4.3.1.2　商洛水源地

秦岭以南的陕西地区大部分处在丹江口水库的上游,发源地和主要流域地区均在陕南的汉江和丹江,作为长江水系最大的支流,被规划在南水北调工程(中线)方案中。调水方案为将汉江、丹江水引入湖北省丹江口水库,蓄积北调,经鄂豫两省西部山地,北上到河南省花园口黄河段,再从黄河花园口调向北京。该区域涉及宝鸡、汉中、安康、商洛和西安 5 个市的 31 个县区,区内总人口 805 万人,总面积 6.27 万 km²,占丹江口水库控制面积 9.52 万 km² 的 65.9%,因此陕西是南水北调(中线)工程的主要水源地。

$$Q_{陕} = Q_{汉} \times k_1 \tag{4-1}$$

式中　$Q_{陕}$——陕西年均可入库水量;

　　　$Q_{汉}$——汉江流域水资源总量;

　　　k_1——陕西年均入库水量占丹江口水库控制面积的百分数,$k_1 = 65.9\%$。

汉江流域地表水资源总量为 582 亿 m³,陕西年均入库水量占丹江口水库控制面积(汉江流域地表水资源总量)的 65.9%,即陕西年均可入库水量 = 582 × 65.9% = 383.5(亿 m³)。

其中流经商洛地区的长江流域面积为 1.67 万 km²,占丹江口水库控制面积 9.52 万 km² 的 17.54%,即商洛地区年均可入库水量占汉江流域地表水资源总量的 17.54%。

$$Q_{商洛} = Q_{汉} \times k_2 \tag{4-2}$$

式中　$Q_{商洛}$——商洛年均可入库水量;

　　　$Q_{汉}$——汉江流域水资源总量;

　　　k_2——商洛年均入库水量占丹江口水库控制面积的百分数,$k_2 = 17.54\%$。

商洛地区年均可入库水量 = 582 × 17.54% = 102.1(亿 m³),占陕西年均可入库水量 383.5 亿 m³ 的 26.6%。

南水北调(中线)工程预计通过丹江口水库每年调水约 140 亿 m³,所调出的水占汉江流域地表水资源总量 582 亿 m³ 的 24.1%,从而可以算出商洛供给南水北调(中线)工程的水量。

$$Q_{供水} = Q_{商洛} \times k_3 \tag{4-3}$$

式中　$Q_{供水}$——商洛供给南水北调(中线)工程的水量;

　　　$Q_{商洛}$——商洛年均可入库水量;

k_3——南水北调(中线)工程年调水量占汉江流域水资源总量的百分数,$k_3 =$ 24.1%。

因此,商洛供给南水北调(中线)工程的水量 = 102.1 × 24.1% = 24.6(亿 m³)。南水北调(中线)水源区水量关系图如图4-7所示。

图 4-7　南水北调(中线)水源区水量关系图

由图4-7可以看出,汉江流域地表水资源总量为582亿 m³,南水北调(中线)工程可调水量按丹江口水库后期规模完建,正常蓄水位170 m 条件下,总库容为290.5亿 m³,在保证调出区工农业发展、航运及环境用水后,多年平均可调出水量约140亿 m³,剩下的约442亿 m³ 流向汉江下游。在南水北调(中线)工程所调出的约140亿 m³ 水中,从商洛地区所调出的水为24.6亿 m³。

4.3.2　商洛水源地水量平衡分析

在南水北调(中线)工程启动之后,在关心供水水质的同时,人们也非常关心供水地区自身的水量平衡问题。究竟供多少水才能既满足京津地区的用水又满足商洛水源地的水量平衡,这是一个亟待解决的问题。

4.3.2.1　水量平衡概述

本节将从水量平衡的概念、研究的意义和水量平衡原理三方面来描述水量平衡。

(1)水量平衡的概念

所谓水量平衡,是指任意选择的区域(或水体),在任意时段内,其收入的水量与支出的水量之间的差额必等于该时段区域(或水体)内蓄水的变化量,即水在循环过程中,从总体上说收支平衡。

水量平衡概念是建立在现今的宇宙背景下,地球上的总水量接近于一个常数,自然界的水循环持续不断,并具有相对稳定性这一客观的现实基础之上的。

从本质上说,水量平衡是质量守恒原理在水循环过程中的具体体现,也是地球上水循环能够持续不断进行下去的基本前提。一旦水量平衡失控,水循环中某一环节就要发生断裂,整个水循环亦将不复存在;反之,如果自然界根本不存在水循环现象,亦就无所谓平衡了。水循环是地球上客观存在的自然现象,水量平衡是水循环内在的规律。因而,两者密不可分。水量平衡方程式则是水循环的数学表达式,而且可以根据不同水循环类型,建立不同水量平衡方程。诸如通用水量平衡方程、全球水量平衡方程、海洋水量平衡方程、陆地水量平衡方程、流域水量平衡方程、水体水量平衡方程等。

(2)研究意义

水量平衡研究是水文、水资源学科的重大基础研究课题,同时又是研究和解决一系列实际问题的手段和方法,因而具有十分重要的理论意义和实际应用价值。

首先,通过水量平衡的研究,可以定量地揭示水循环过程与全球地理环境、自然生态系统之间的相互联系、相互制约的关系,揭示水循环过程对人类社会的深刻影响,以及人类活动对水循环过程的消极影响和积极控制的效果。

其次,水量平衡又是研究水循环系统内在结构和运行机制,分析系统内蒸发、降水及径流等各个环节相互之间的内在联系,揭示自然界水文过程基本规律的主要方法;是人们认识和掌握河流、湖泊、海洋、地下水等各种水体的基本特征、空间分布、时间变化,以及今后发展趋势的重要手段。通过水量平衡分析,还能对水文测验站网的布局,观测资料的代表性、精度及其系统误差等作出判断,并加以改进。

再次,水量平衡分析又是水资源现状评价与供需预测研究工作的核心。从降水、蒸发、径流等基本资料的代表性分析开始,到进行径流还原计算,再到研究大气降水、地表水、土壤水、地下水等四水转换的关系,以及区域水资源总量评价,基本上是根据水量平衡原理进行的。

水资源开发利用现状以及未来供需平衡计算,更是围绕着用水、需水与供水之间能否平衡的研究展开的,所以水量平衡分析是水资源研究的基础。

最后,在流域规划、水资源工程系统规划与设计工作中,同样离不开水量平衡工作,它不仅为工程规划提供基本设计参数,而且可以用来评价工程建成以后可能产生的实际效益。

此外,在水资源工程正式投入运行后,水量平衡方法又往往是合理处理各部门不同用水需要,进行合理调度、科学管理,充分发挥工程效益的重要手段。

(3)水量平衡原理

水量平衡是物质不灭定律在水文学中的具体应用,它是研究水文现象的基本工具。应用水文平衡可对水文循环建立定量概念,从而了解各循环要素如降水、蒸发、径流之间的定量关系,这对水资源评价、水文水利计算、水文预报都具有重要作用。

根据物质不灭定律,对于任一自然区域(或某一水体),在给定的时段内,各种形式的输入水量应等于各种形式的输出水量与区域内在该时段的储量的增量之和。据此原理可列出水量平衡方程:

$$I = O + (W_2 - W_1) = O + \Delta W \tag{4-4}$$

式中　I——给定时段内输入区域的各种水量之和;

　　　O——给定时段内区域输出的各种水量之和;

　　　W_1、W_2——区域内给定时段始、末的储水量;

　　　ΔW——时段内储量的增值,$\Delta W = W_2 - W_1$,区域内储水量增加,$\Delta W > 0$,储水量减

　　　　　　少,$\Delta W < 0$。

上式为水量平衡的基本方程,应用时要注意两个问题:一是平衡区域,二是计算时段。平衡区域可以是一个流域或某个水体(如海洋、湖泊、水库),也可以是这些水体的一部分(如某一河段)。计算时段要根据所研究的问题而定,如果是研究大范围的水量平衡问题,计算时段常取月、年、多年。如果是研究某个不大的水体,一般取较短的计算时段,如日、时等。水量平衡原理除用来定量计算水文循环各个要素间的数量关系外,还广泛用于水文计算、水文预报的计算问题,如河道演算、水库调洪计算等。

4.3.2.2 南水北调(中线)商洛水源地水量平衡

商洛水源地自身水量平衡是一个不能忽视的问题,本节通过对商洛地区流域多年平均水量平衡、商洛水源地多年平均水量平衡和商洛水源地枯水年水量平衡的计算,论述南水北调(中线)工程从商洛调水量与商洛地区自身水量平衡的关系,从而在供水与自身发展之间寻求新的平衡。

（1）流域水量平衡

对于水土保持工作者和大多数的水文工作者来说,接触最多的是一个流域的水量平衡,水文、水资源的分析及水土保持效益的计算都是以流域的水量平衡为基础的,因此流域的水量平衡方程就显得非常重要。

流域有闭合流域和非闭合流域之分,对于非闭合流域,由其他流域进入研究流域的地下径流不等于零,根据通用的水量平衡方程,非闭合流域的水量平衡方程为

$$P + R_{地下} = E + r_{表} + r_{地下} + q + \Delta W \tag{4-5}$$

式中　P——区域内计算时段的降水量;

　　　$R_{地下}$——计算时段内经地下流入区域内的径流量;

　　　E——区域内计算时段的净蒸发量;

　　　$r_{表}$、$r_{地下}$——计算时段内经地表、地下流出的径流量;

　　　q——区域内计算时段内的总用水量;

　　　ΔW——区域内计算时段的蓄水增量。

令 $r_{表} + r_{地下} = R$ 称为径流量,则上式可改写成

$$P + R_{地下} = E + R + q + \Delta W \tag{4-6}$$

对于任意地区、任意时段,可以发现有时水分的收入大于支出,则蓄水量 ΔW 为正值,即水分有盈余;有时水分收入小于支出,则蓄水量 ΔW 为负值,即水分有亏损。但对于整个区域,在多年平均的情况下,水分的盈余与亏损相抵后,剩余值极小,可忽略不计,因此可从水量平衡方程中去掉蓄水量 ΔW 这一项。

在已知区域水资源总量且不考虑蓄水量变化的条件下,则上式可改写成

$$I = E + R + q \tag{4-7}$$

对于闭合流域,由其他流域进入研究流域的地表径流和地下径流都等于零。闭合流域的水量平衡方程为

$$P = E + R + \Delta W \tag{4-8}$$

如果研究闭合流域多年平均的水量平衡,由于历年的 ΔW 有正、有负,多年平均值趋近于零,于是上式可表示为

$$P_{平均} = E_{平均} + R_{平均} \tag{4-9}$$

式中　　$P_{平均}$——流域多年平均降水量;

　　　　$E_{平均}$——流域多年平均蒸发量;

　　　　$R_{平均}$——流域多年平均径流量。

这就是说,某一闭合流域的多年平均降水量等于蒸发量和径流量之和。因此,只要知道其中两项,就可以用水量平衡方程求出第三项。

如果将上式两边同除以 $P_{平均}$,则

$$\frac{R_{平均}}{P_{平均}} + \frac{E_{平均}}{P_{平均}} = 1 \tag{4-10}$$

令 $\frac{R_{平均}}{P_{平均}} = \alpha_0, \frac{E_{平均}}{P_{平均}} = \beta_0$, 则

$$\alpha_0 + \beta_0 = 1$$

式中　　α_0——多年平均径流系数;

　　　　β_0——多年平均蒸发系数。

α_0 和 β_0 之和等于1,表明 α_0 和 β_0 是相互消长的,径流系数越大,蒸发系数越小。在干旱地区,蒸发系数一般较大,径流系数较小,可见,径流系数和蒸发系数具有强烈的地区分布规律,它们可以综合反映流域内的干湿程度,是自然地理分区上的重要指标。

(2)商洛水源地用水需求分析

根据近5年商洛市国民经济和社会发展统计公报,商洛市 2009～2013 年年用水量见图 4-8。

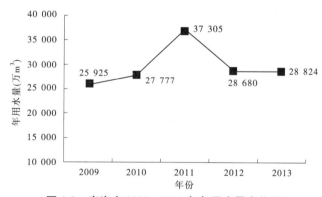

图 4-8　商洛市 2009～2013 年年用水量变化图

由图 4-8 可以看出,商洛市除 2011 年出现用水量剧增外,其余年份用水量增长相对平稳。因此,剔除 2011 年特殊年份用水量数据,利用其余 4 年数据可以计算出商洛市用水量年平均环比增长率为 2.72%,同时可以利用所计算的用水量年增长率预测出商洛市各水平年的用水量。

在预测时,将基准年确定为 2013 年,是基于以下 4 个原因:①2013 年水资源状况数据是所能收集到的最近年份的,数据新、数据全、参考价值最大;②2013 年是确保南水北调(中线)工程通水最关键的一年,关乎通水水质水量的达标;③2013 年是商洛市向北京、向华北、向国家做出庄重承诺的年度,即承诺 3 年后的 2016 年末,商洛市境内丹江的出省

断面的水质将提升一个级别,达到Ⅱ类;④2013 年是商洛市为确保"一江清水供北京"所进行重大部署的年度,2013 年 8 月,商洛经过缜密的布局和更加严谨的规划后,召开了商洛市丹江等流域污染防治 3 年行动计划动员大会。这次大会在商洛的历史上堪称"规模最大、规格最高"的动员大会,会议的核心内容是:为确保"一江清水供北京",未来 3 年,商洛将计划投资 14.4 亿元,全面启动丹江等流域污染防治工作,以"实现丹江出境断面水质达到Ⅱ类"为目标,突出工业污染防治、生活污水垃圾污染治理、农业面源污染治理等重点,实施城镇环境综合治理、沿江小流域治理、工业污染防治等八类重点工程,加强环保基础设施建设和执法监管,提高河水自净能力和应急处置能力。

商洛市多年平均水资源状况见表 4-1。

(3)商洛水源地基准年水量平衡计算

针对南水北调(中线)商洛水源地区域内流域为非闭合流域,所以采用非闭合流域的水量平衡方程进行计算。对于商洛整个区域,在多年平均的情况下,水分的盈余与亏损相抵后,剩余值极小,可忽略不计,因此采用式(4-7)进行商洛水源地水量平衡计算。

根据商洛市气象部门统计资料,商洛市多年平均蒸发量为 872.9 mm,利用式(4-7)计算 2013 年流出商洛水源地的径流量如下:

$$I = E + R + q$$
$$44.99 = 16\ 730 \times 10^6 \times 0.872\ 9 \times 10^{-9} + R + 23\ 170 \times 10^{-4}$$
$$R = 28.07\ 亿\ m^3$$

其中,I 为商洛水源地长江流域多年平均水资源量 48.5 亿 m³ 扣除入境客水 3.51 亿 m³;E 为商洛市多年平均蒸发量,其值等于商洛水源地流域面积之和乘以商洛市多年平均蒸发量;用水量 q 为商洛市(除洛南县)工业与生活用水,数值可从表 4-2 中查出;R 为流出商洛水源地的径流量。

4.3.3　商洛水源地水资源供给分析

分别计算在用水总量控制目标下 2015 年、2020 年、2030 年应供往南水北调(中线)的水量,同时可以通过预测计算出在固定年用水量增长率及满足商洛市用水需求情况下 2015 年、2020 年、2030 年可供往南水北调(中线)的水量。

(1)在用水总量控制目标下供水分析

为了贯彻落实《陕西省人民政府关于实行最严格水资源管理制度的实施意见》(陕政发〔2013〕23 号)和《陕西省人民政府办公厅关于实行最严格水资源管理制度考核办法的通知》(陕政办发〔2013〕77 号)精神,进一步加强商洛市水资源开发、利用、节约、保护和管理工作,提高水资源保障能力,确保省政府确定的商洛市水资源管理控制目标的完成,商洛市人民政府下发了《商洛市人民政府关于下达县区水资源管理控制目标的通知》(商政函〔2013〕127 号)。

通知中规定的各县区用水总量控制目标,是各县区在一个时间段内水资源开发利用和节约保护的底线,不得突破(见表 4-3)。

表 4-1　商洛市多年平均水资源状况表(1956~2010 年)

区县名称	计算面积(km²)	降水量(mm)	地表水资源量(亿m³)	地下水资源量(亿m³)	最大/最小水资源量(亿m³)	最大/最小水资源量年份	丹江(亿m³)	洛河(亿m³)	乾佑河(亿m³)	旬河(亿m³)	金钱河(亿m³)	未注入五大河水量(亿m³)	黄河流域(亿m³)	长江流域(亿m³)
商州区	2 672	753.5	6.04	2.47	16.23/1.32	1983/1995	4.85	0.18			1.03		0.18	7.00
洛南县	2 562	739.7	5.78	2.73	18.09/1.75	1964/1995	0.22	5.59					5.59	0.27
丹凤县	2 438	753.3	5.18	2.08	16.83/1.59	1964/1986	5.10	0.23					0.22	6.32
商南县	2 307	845.2	5.34	1.95	18.28/1.34	1964/1999	4.89					0.16		6.23
山阳县	3 514	774.1	8.78	3.45	24.22/2.66	1964/1999	1.31				6.82	1.30		9.49
镇安县	3 477	841.3	11.35	4.43	29.41/3.59	1983/1997			3.94	6.21	1.27			9.39
柞水县	2 322	757.3	7.35	2.25	18.90/2.14	1983/1997			2.65	0.21	3.90			6.27
入境客水	1 533		5.19	1.87	13.93/1.52	1983/1997		0.35		4.31	0.10	0.40	0.53	3.51
商洛市	19 292	782.6	49.83	19.34	33.33/16.5	1964/1997	16.37	6.35	6.59	10.73	13.12	1.86	6.52	48.5

注:1. 数据来源于商洛市水务局水资源办。

2. 商洛五大流域中除洛南县洛河(黄河流域)外,均属长江流域。

表 4-2　2013 年商洛市行政分区用水量表　　　　（单位:万 m³）

行政区	农田灌溉用水量	林牧渔畜用水量	工业用水量	城镇公共用水量	居民生活用水量	生态环境用水量	总用水量
商州	2 315	445	1 401	267	1 607	85	6 120
洛南	2 460	812	992	60	1 270	60	5 654
丹凤	1 788	767	510	74	865	200	4 204
商南	520	375	637	68	768	125	2 493
山阳	1 225	474	992	90	1 374	245	4 400
镇安	1 400	380	565	66	801	62	3 274
柞水	665	382	958	150	421	103	2 679
全市	10 373	3 635	6 055	775	7 106	880	28 824

注:数据来源于 2013 年商洛市水资源公报。

表 4-3　商洛市各县区用水总量控制目标　　　　（单位:万 m³）

行政区	2015 年	2020 年	2030 年
商州区	8 330	10 360	11 590
洛南县	7 590	9 260	10 370
丹凤县	5 510	6 790	7 560
商南县	3 980	4 230	4 390
山阳县	5 550	5 930	6 150
镇安县	4 240	4 520	4 670
柞水县	3 700	4 110	4 470
全市目标	38 900	45 200	49 200

注:数据来源于《商洛市人民政府关于下达县区水资源管理控制目标的通知》(商政函〔2013〕127 号)。

按照水量平衡公式(4-7),结合商洛市各县区用水总量控制目标,可以计算出 2015 年、2020 年、2030 年应流出商洛水源地的径流量分别为 27.21 亿 m³、26.74 亿 m³、26.45 亿 m³。

（2）预测供水分析

以基准年 2013 年为起算点,结合商洛市用水量年均增长率(2.72%),可分别预测出 2015 年、2020 年、2030 年商洛市用水需求量,具体见表 4-4。

表 4-4　商洛市用水量预测表　　　　（单位:m³）

年份	2013	2015	2018	2020	2023	2026	2029	2030
洛南县	5 654.00	5 965.76	6 465.93	6 822.46	7 394.45	8 014.40	8 686.32	8 922.59
商洛市	28 824.00	30 413.35	32 963.20	34 780.78	37 696.79	40 857.27	44 282.73	45 487.22
去除洛南后	23 170.00	24 447.59	26 497.27	27 958.32	30 302.34	32 842.88	35 596.41	36 564.63

由于洛南洛河属于黄河流域,因此对商洛市用水量的预测应去除洛南县用水量,按照水量平衡公式(4-7),可分别预测出在年用水量增长率2.72%及满足商洛市用水需求情况下各年可供往南水北调(中线)的水量(见表4-5)。

表4-5　商洛市可供往南水北调(中线)水量预测表　　（单位:亿 m³）

年份	2013	2015	2018	2020	2023	2026	2029	2030
流出商洛水源地的水量	28.07	27.94	27.74	27.59	27.36	27.10	26.83	26.73

(3)对比分析

在用水总量控制目标下及预测用水需求情况下2015年、2020年、2030年可供往南水北调(中线)的水量对比见图4-9。

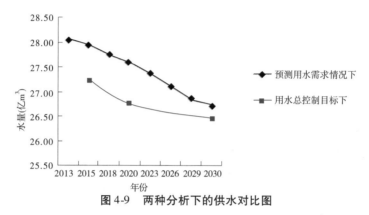

图 4-9　两种分析下的供水对比图

综上所述,我们可以看出:

①商洛是南水北调(中线)工程重要的水源区。汉江流域地表水资源总量为582亿 m³,南水北调(中线)工程通过丹江口水库的调节作用多年平均可调出水量约140亿 m³,按流经商洛地区的长江流域面积占丹江口水库控制面积的比例计算,从商洛地区所调出的水为24.6亿 m³。

②根据《商洛市人民政府关于下达县区水资源管理控制目标的通知》(商政函〔2013〕127号)规定的商洛市各县区用水总量控制目标,到2015年时商洛地区可以供给南水北调(中线)工程的最大可供水量为27.21亿 m³,到2020年时商洛地区可以供给南水北调(中线)工程的最大可供水量为26.74亿 m³,到2030年时商洛地区可以供给南水北调(中线)工程的最大可供水量为26.45亿 m³。

③随着商洛地区自身的发展,工农业用水量和生产生活用水量等都在不断增加,在年用水量增长率2.72%及满足商洛市用水需求情况下,2015年、2020年、2030年可供往南水北调(中线)的水量分别为27.94亿 m³、27.59亿 m³、26.73亿 m³。

④从用水总量控制目标下及预测用水需求情况下2015年、2020年、2030年可供往南水北调(中线)的水量对比图上可以看出,预测用水需求情况下可供给南水北调(中线)的水量均高于用水总量控制目标下需供给南水北调(中线)的水量,即商洛市在满足自身经济社会发展的同时能够完成供水任务,同时也间接证明了《陕西省人民政府办公厅关于

实行最严格水资源管理制度考核办法的通知》(陕政办发〔2013〕77 号)中规定各县区用水总量控制目标的合理和科学之处。

⑤商洛应重视水资源涵养及节水工程。为了能长久地保证向京津等缺水地区供水的水质和水量,商洛地区需要涵养水源,进行退耕还林并对水源区的农户进行移民搬迁;调整产业结构,大力发展节水产业;引进先进的污水处理设备,培养节水和净水方面的专业技术人才,建设污水治理厂等。

4.4 南水北调(中线)工程对商洛水源地的影响

跨流域调水是人工干预水资源的时空分配,为了能"一江清水供北京",势必会对水源地的生态环境、劳动力、水源地人民的生活及当地政府财政的发展产生影响。

4.4.1 对生态环境的影响

水是自然环境的重要组成物质,也是最活跃的环境因子之一。调水改变水平衡与水文循环,会引起环境的一系列变化。南水北调工程作为人类活动,必然会对水源地产生影响,并且影响是极其复杂的,表现形式也是多种多样的。跨流域调水工程对生态环境的影响应该不超过生态环境生态承载力极限,才能达到生态环境可持续发展的目的。

作为水源地,南水北调对商洛市生态环境的影响表现为生态环境综合治理任务的进一步加重。商洛市在原有生态治理的基础上需要加大投资力度和重视程度,以使"一江清水供北京"。南水北调工程对商洛市生态环境的影响表现在以下几个方面:

(1)当地水资源减少

调水使径流减小,影响商洛市用水,从而影响经济发展,特别是随着商洛经济的发展,城乡工农业用水量和生产生活用水量等都是在不断增加的,商洛水源地可以供给南水北调的水量也随着社会经济发展对水量需求的增加而减少。由图 4-9 可以看出,在满足商洛自身水量平衡的条件下,到 2019 年商洛市的最大可供水量为 24.47 亿 m^3,已经小于南水北调(中线)工程每年从商洛地区调出的水量(24.6 亿 m^3),若仍然按计划调水量进行调水,商洛市将会出现水资源短缺问题。

(2)商洛环境污染加剧

由于水量减少,在污染负荷不变的情况下,商洛市环境污染可能加重。水是有一定的环境容量的,如果水量比较大,通过自身的净化作用,它可以稀释一部分的污染,如果污染量非常大,水量非常少的话,就不能够稀释污染,就完全变成排污的作用了。如果污水中氮、磷元素含量过高,还会引起水生生物特别是藻类大量繁殖,使生物量的种群种类数量发生改变,破坏水体的生态平衡,产生水体富营养化现象。环境污染也将直接影响商洛人民的日常生活,调水可能引起生态环境用水不足,林草植被覆盖率减小,导致水土流失、泥石流等一系列自然灾害,威胁到商洛人民的生命财产安全。水土流失产生的大量泥沙吸附和挟带化肥、农药直接进入河流,造成面源污染,将直接影响水源地水质。这对商洛市环境保护将是一个严峻的挑战。

立足"能调水、调好水、长调水",以生态建设为先导,以保护源头水质为重点,建立起比较完善的水土流失治理体系。水源区的生态环境,不仅是水源区经济社会可持续发展和全面建设小康社会的重要保障和支撑,也是确保南水北调(中线)工程充分发挥效益的重要基础和战略举措,意义重大。

4.4.2　对产业结构的影响

为确保调水水质,作为南水北调(中线)工程的水源地之一的商洛市矿产开发受到限制,传统农业面临改变,全市种植面积减少及工业发展受到限制。

(1)矿产开发受限

商洛目前还处于工业化初期阶段,县域经济成分以中小企业为主,为了满足生态环境调水需要,提高企业的污染治理标准,幸运存活下来的企业不得不提前面对环保门槛的急速提高,企业的运行成本和新增企业的投资成本都会增加。如洛南九龙矿业公司,因环保整治增加的年均费用为 600 万元;山阳县金川封幸化工有限责任公司为治理污染问题已投入资金 300 万元,但仍需投入 350 万元。如此高昂的环保整治费用使许多矿产开发企业望而却步,从而使商洛市的矿产开发在很大程度上受到限制。

(2)传统农业改变

为了保护供水水质,商洛市不得不改变传统农业的耕种方式,按照基地规模化、生产标准化、产品无公害化的要求,制定特色无公害农产品及绿色食品生产技术规程及绿色农产品质量标准,推行标准化生产。传统耕种方式的改变在很大程度上加重了农民的生活负担,昂贵的现代化农业设备无疑使原本贫困的农户雪上加霜,如不对农户进行相应的物质补偿、免费的技术培训以及制定购买农用设备优惠政策等,水源保护工作将难以进行下去。

(3)种植面积减少

为保护水源,商洛市大力推进实施退耕还林,在种植面积减少的同时基本口粮田总量也随之减少,人均数量偏少。截至 2006 年底,全市退耕还林项目区耕地 280.53 亩,人均 1.46 亩,其中基本口粮田 124.86 万亩,人均 0.64 亩,相当一些地方人均基本农田只有 0.5 亩左右,离省政府要求的陕南地区农民人均 1 亩基本农田的标准还有较大差距。由于基本口粮田数量偏少,粮食不能自给,群众只能依赖国家退耕还林粮食补助生活,退耕还林补助结束后将存在重新耕种坡耕地的可能。在人增地减不可逆转的大前提下,南水北调工程的实施,无疑大大加剧了商洛人地矛盾的突出性。

(4)工业发展受限

为确保调水水质,商洛市已关停部分医药、化工、矿产、造纸等污染企业,工业年产值、利税和就业岗位锐减。若对工业点源进行综合治理,促使工业废水达标排放,需大幅增加投资,直接加大了政府负担和企业经营成本。因涵养水源,环保部门要严格执行国家产业政策和技术政策,特别是新、改、扩建项目要严格执行,做到合理规划布局,优化资源配置,鼓励和支持污染小、耗能低、采用清洁工艺的项目,严格控制耗能多、水耗大、污染重的行业和项目。凡工艺落后、选址不当、严重污染环境和破坏生态的建设项目一律不予批准建设。

4.4.3　对民众生活的影响

为保护水源,商洛人民的传统种植和生活习惯受到了挑战,人均收入减少,民众额外负担增加,若不对水源地人民作出相应的补偿,水源地的保护工作将难以实施。

(1)传统习惯受到挑战

生态屏障涵养水源保护工作调整了当地人民与自然的关系,改变了农民种植、养殖等多方面的传统习惯。农户祖祖辈辈种庄稼,广种薄收,烧柴取暖、做饭和放养畜牧的习惯都将要改变。这些传统习惯的改变势必对农户的生活造成很大的不便,甚至影响部分人的正常生活。如果不给当地居民以更好的经济回报和生活便利,将会对水源地的保护工作造成阻碍。

(2)收入水平降低

土地是农户赖以生产生活的主要依靠,水源地保护工作使得当地人民不得不放弃自己的土地,降低了农户的收入水平。虽然从政策面看,退耕还林增加了农民收入,但是具体到点上,由于部分政策落实不到位,补偿手段单一,以及补助资金远远低于社会平均水平,因此当地农户生活水平还是相对较低,对水源地的保护产生了很大的威胁。

(3)额外负担增加

南水北调(中线)工程启动之后,商洛人民为保护水源不得不参与到退耕还林、环境保护的工作中来。此外,部分农民为适应改变后的耕种方式,需要利用闲暇时间学习新技术或是新农用机械的使用,一些失业人员不得不自主创业或外出打工。在收入水平降低的同时,民众的额外负担却在不断增加,如果不对水源地人民进行补偿和帮助,水源地的保护工作将很难进行下去。

4.4.4　对地方财政的影响

政府财政收入对一个地区的发展有着至关重要的作用,政府手中有钱,就能在保证吃饭的基础上进行建设,解决现代化建设的重大问题。随着工业企业的大量关停,财政收入锐减成了商洛市无法回避的困难。由于财政收入有限,在公共事业投入上经常是捉襟见肘。

(1)财政收入减少

商洛市是全国集中连片的贫困地区之一,群众贫困,地方财政困难。作为南水北调(中线)的水源地,为保护水源而禁伐林木、控制水产养殖水域面积、关停了一批骨干财源企业,地方财政收入急剧减少。商洛市的水源地保护工作需要国家进行适当的资金和政策补助来帮助其发展。

(2)公共开支增加

在水源地保护工作中,商洛市实施天保、退耕、造林、飞播、育林、种苗等生态保护工程,使地方财政开支增加,同时市污水处理厂前期工作已全面完成,山阳、镇安、柞水污水和垃圾处理厂已列入城市总体规划,建设或计划建设一批城市垃圾、污水处理公用设施,地方财政需增加投资;为加强环境监测,购置检测设施,如山阳县加强中村钒矿区企业排污口规范化整治工作,在排污口安装废水计量测流装置,共投资55万元,对5个企业安装了9套在线视频自动监控系统,这又加重了地方财政的困难。

(3)财政补贴扩大

为了使水源地保护工作能持久地进行下去,商洛市不仅对农业退耕还林人口进行了经济和生活上的补贴,并且在工业建设中也对相关企业排污治理实行了投资补助,这对于一个西部贫困的城市来说更是雪上加霜。

众所周知,南水北调所面临的不仅是调水数量的问题,而且是调水质量的问题。商洛作为水源地,为保障"一江清水送北京",在保护生态环境方面已经做了很多的工作。生态保护与建设是全流域内各地区以及受水区的共同责任,商洛市作出的水源涵养与生态保护成本的投入,对整个调水路线地区发挥着巨大的经济、社会和环境效益。受水区作为受益者,同样利用了调水地区生态保护投入而创造的生态价值。因此,按照生态补偿的原则和理念,作为受益地区的受水区,应该对生态保护做出巨大贡献的水源地即商洛市所付出的成本进行分担和补偿。

4.5　南水北调(中线)工程对商洛水源地补偿现状分析

虽然商洛水源地从南水北调(中线)工程已经得到了一些补偿,但是这些补偿远远不够用于水源地的保护,南水北调(中线)工程在补偿方面还存在着补偿方式单一、思想落后、补偿资金太少等一些亟待解决的问题。

4.5.1　商洛水源地的补偿政策

南水北调(中线)商洛水源地为保证供水水质做出了巨大的牺牲与贡献,为化解保护环境与发展的矛盾,国家、省在财政、扶贫和移民安置等相关方面都有明确的政策支持。各级领导对商洛水源地也极为关心和重视。

(1)国家相关政策

南水北调工程是党中央、国务院决策建设的优化我国水资源配置的重大战略性基础设施。补偿政策是政府有意识地从当时经济状态的反向调节经济变动幅度的政策,以达到稳定经济波动的目的。南水北调工程是惠及民生的大型水利项目,工程建设规模大,涉及地域广,建设周期长,用地情况复杂。国家针对水源地的生态补偿机制已经提上议事日程,并在立法上予以体现。2008年2月,全国人大常委会对《中华人民共和国水污染防治法》进行了修订,并于2008年6月1日起正式施行。在修订本第一章总则第七条加入了如下条款:"国家通过财政转移支付等方式,建立健全对位于饮用水水源保护区区域和江河、湖泊、水库上游地区的水环境生态保护补偿机制。"这项条款,使生态补偿机制有了法律上的依据。为保证工程建设依法、科学、集约、规范,国家在财政、扶贫和移民安置等相关方面都有明确的政策支持,如财政转移支付政策、税收优惠政策及扶贫开发政策等。

(2)省级补偿机制

除国家建立补偿机制外,陕西省采取相应措施,在制定经济社会发展规划时,对水源地保护提出目标建设任务,统筹全省经济社会发展,为加快陕南发展步伐,建立科学长效补偿机制。在2008年省级财政给陕南安排1亿元的生态旅游项目建设资金基础上,近年来,省级财政补偿每年逐步将有所增加,国家仍需长期大力对其进行扶持。随着全市经济的快速发展,省级财政对商洛给予倾斜,使水源地保护区的教育、科技、文化、卫生、体育、社保等社会事业有较高水平的发展。以新农村建设为重点,加大扶贫开发的投入力度,在能源、交通、水利、环保等基础设施建设上给予倾斜。

（3）各级领导对商洛水源地的关心与支持

各级领导对商洛水源地极为关心和重视。2009 年 5 月 20～21 日,国务院南水北调办公室主任张基尧率国务院调研组来商洛市,就南水北调（中线）工程环境保护等相关工作进行检查调研。张基尧一行先后深入商洛市区和丹凤、商南两县,检查了市污水处理厂建设、城市生活垃圾无害化处理工程;实地查看了丹凤县棣花镇许家沟水土保持工程、商南城关镇任家沟生态文明示范村建设、秦东茶厂、县城周边天保公益林建设和湘河镇生态移民搬迁工程。调研中,张基尧对商洛市服从服务于南水北调大局、实施生态立市战略取得的成效给予充分肯定,并希望商洛市深入学习实践科学发展观,着力转变发展方式,正确处理好经济发展与资源环境的关系,努力构建资源节约型、环境友好型社会。

2009 年 3 月 19～21 日,全国人大常委会副委员长、九三学社中央主席、中国科协主席韩启德带领调研组,深入商洛市就南水北调（中线）水源保护工作进行考察调研。他指出,解决南水北调（中线）水源环境保护问题,关键要深入贯彻落实科学发展观,加强体制创新、机制创新和科技创新,切实推动水源地污染治理和环境保护。

中组部部长赵乐际、陕西省省委书记赵正永等也先后在商洛调研。商洛市是丹江上游水质影响控制区,各级党委、政府和相关部门要以科学发展观为指导,认真落实中央有关要求,采取各种措施推动丹江沿线污染防治和水源保护。在水污染治理与水土保持项目建设过程中,要结合自身实际,合理使用资金,加快建设进度。同时,尽可能减少建设成本,压缩运行和管理费用,真正发挥污水处理、垃圾处理和水土保持项目的最大效益,使南水北调（中线）水源水质不断得到改善,确保"一江清水供北京"。

4.5.2　补偿中存在的问题

虽然经过多方的努力水源地得到了一些补偿,但经过实际调查发现,目前南水北调（中线）工程在补偿方面还存在着以下问题:

（1）补偿方式单一

目前对水源地采取政府一次性资金补偿方式,补偿方式较为单一,应在资金补偿方式的基础上,创新水源地补偿模式。补偿主体不能只停留在政府层面上,这样补偿范围较小,补偿标准不高,不能满足实际要求。对于生态补偿,除采用资金补偿外,还应考虑人才智力、劳动力转移等方面的补偿。如采取劳动力转移这一补偿方式,水源地为保护水质采取的退耕还林等措施使得大量劳动力剩余,在经济发达地区和城市安排水源地的剩余劳动力就业,这样可以大大改善保护地区农民的生活水平,提高他们的生活质量,从而更能调动他们保护生态环境的积极性。

（2）思想观念落后

由于思想观念落后,对水资源价值的理解较为片面,只看到水作为资源的稀缺性,而没有看到水资源的劳动价值,在考虑水资源补偿时也只是用到水资源的资源费。从广义上讲,水资源价值包括为满足需求蓄水引水付出的劳动价值和稀缺资源经济租金两部分。因此,今后在进行水资源补偿机制研究时应将水资源的劳动价值和资源价值同时考虑。

(3)补偿资金太少

经过多方努力,2008年底,陕南获得了第一笔南水北调生态补偿财政转移支付共计10.9亿元。对于分到2.8亿元补偿款的商洛来说,这第一笔生态补偿款有着不平凡的意义,但是对商洛来说仍是杯水车薪,重点仍是在还欠账和补偿财政损失,只一次的财政转移支付远远不能补偿商洛为保护水源所做的牺牲。并不只是商洛如此,对于分到4 290万元的旬阳来说,仅是补偿关停企业和下岗职工,预计就需要3 000多万元。保护水源给本来已十分困难的商洛地区带来了更大的压力,水源区的水污染防治、水土保持、生态林建设和农业面源污染防治等都需要长期的投入,而水源区地方财政无能为力。由于补偿资金太少,不能很好地进行水源区的生态环境建设,大大打击了水源区群众保护环境的积极性和主动性。

(4)管理组织混乱

目前,南水北调商洛水源地辖区内没有专门的补偿协调管理机构,而是采用以行业部门、行政手段为主的管理运行体制,水利、环保、林业、国土等部门各自为营编制、上报水源区补偿规划,不能形成合力来呼吁受水区对水源区进行有效、长期的补偿。由于没有形成有序的补偿管理协调机制,故管理局面混乱,形成补偿管理缺失,艰巨的补偿任务和真空的补偿管理形成明显对比。此外,针对南水北调水源地补偿信息分散冗繁、管理幅度大、涉及事务广、信息化程度低的现实情况,开发出一套基于现代信息技术的专业化、集成化的项目管理信息系统是十分必要的。

面对商洛水源地的现状,必须建立一套完整的南水北调(中线)商洛水源地补偿机制,在对水源地实行"输血"的同时,通过合理的其他方式的补偿,如提升人才智力水平、转移劳动力、加强农民科技培训等手段来实现水源地自身的"造血"功能,并通过建立合理的管理机构来保障补偿的实现,带动水源地的经济发展,改变水源地人民"守着青山绿水过穷日子"的现状,确保南水北调(中线)工程的顺利实施。

第 5 章　我国水源地补偿公共政策研究

南水北调工程是解决我国北方水资源严重短缺问题的特大型基础设施项目,建设的目的是通过跨流域的水资源合理配置,保障经济、社会与人口、资源、环境的协调发展。本章在对国家相关补偿公共政策及法律分析的基础上,针对水源地公共政策补偿途径做了五方面的研究。

5.1　国家相关补偿政策分析

补偿政策就是政府用繁荣年份的财政盈余来补偿萧条年份的财政赤字,以缓解经济的周期性波动的政策。南水北调工程是惠及民生的大型水利项目,工程建设规模大,涉及地域广,建设周期长,用地情况复杂。为该项工程的依法、科学、集约、规范建设,国家在财政、扶贫和移民安置等相关方面都有明确的政策支持。

5.1.1　公共财政政策

在市场经济条件下,政府的职能是弥补市场的缺陷,满足社会公共需要,财政则是实现政府职能的物质基础。因此,市场经济条件下的财政亦被称为公共财政。公共财政通常担负三个方面的职能,即资源配置、收入分配和稳定经济。

(1)财政转移支付政策

长期以来,国家对建立和完善财政转移支付制度非常重视,提出了一系列指导方针,各省市及相关部门认真贯彻落实,转移支付体系不断完善,转移支付管理不断加强,转移支付的职能作用得到进一步发挥。我国现阶段政府转移支付的具体政策是:

①调节过渡期中央与地方之间的财政纵向平衡。即在增强中央可支配财力的前提下充分利用转移支付来调节中央与地方之间的财政差异。目前,中央对地方财政转移支付制度体系由财力性转移支付和专项转移支付构成。财力性转移支付是指为弥补财政实力薄弱地区的财力缺口,均衡地区间财力差距,实现地区间基本公共服务能力的均等化,中央财政安排给地方财政的补助支出。财力性转移支付资金由地方统筹安排,不需地方财政配套。目前财力性转移支付包括一般性转移支付、民族地区转移支付、县乡财政奖补资金、调整工资转移支付、农村税费改革转移支付等。专项转移支付是指中央财政为实现特定的宏观政策及事业发展战略目标,以及对委托地方政府代理的一些事务进行补偿而设立的补助资金。地方财政需按规定用途使用资金。专项转移支付重点用于教育、医疗卫生、社会保障、支农等公共服务领域。财政转移支付体系不断完善,尤其是财力性转移支付的确立和完善,改变了分税制财政管理体制改革前中央财政与地方财政"一对一"谈判、"讨价还价"的财政管理体制模式,增强了财政管理体制的系统性、合理性,减少了中央对地方补助数额确定过程中的随意性。转移支付规模不断增加,支持了中西部经济欠

发达地区行政运转和社会事业发展,促进了地区间基本公共服务均等化。

②缩小地区间财政差异。调整区域财政能力差异,保证各辖区最低标准的公共服务提供。分税制财政管理体制改革后,根据经济形势变化和促进区域协调发展的需要,不断完善财力性转移支付体系,加大财力性转移支付规模,均衡地区间财力差距。例如,建立中央对地方过渡期转移支付,根据各地区总人口、GDP 等客观因素,按照统一的公式计算其标准财政收入、财政支出,对存在财政收支缺口的地区按一定系数给予补助,财政越困难的地区补助系数越高。为缓解县乡财政困难,中央财政出台了缓解县乡财政困难奖补政策,对各地区缓解县乡财政困难工作给予奖励和补助。

③加大对西部大开发的转移支付力度。2000 年为配合西部大开发,贯彻民族区域自治法有关规定,实施民族地区转移支付,民族地区增值税环比增量的 80% 转移支付给地方,同时中央另外安排资金并与中央增值税增长率挂钩。2006 年中央对地方财力性转移支付由 1994 年的 99.38 亿元提高到 4 731.97 亿元,年均增长 38% ,占转移支付总额的比重由 21.6% 提高到 51.8% 。财力性转移支付的稳定增长,大大提升了中西部地区的财力水平,为西部大开发和长远发展创造了条件。

④强化中央政府的宏观调控能力。转移支付为中央政府稳定经济、公平分配、矫正外溢提供财力保证。完善转移支付管理和分配办法。在财力性转移支付方面,不断改进标准财政收入、标准财政支出、标准财政供养人员数等测算方法,引入激励约束机制,转移支付办法、数据来源与测算结果公开。为进一步规范财政支农资金管理,确保财政支农资金安全有效,财政部于 2007 年在全国开展"财政支农资金管理年"活动,通过多项措施防止支农资金违规使用。财政、审计部门还组织专项检查工作,监督检查专项转移支付资金的使用情况。逐步提高地方预算编报完整性。国务院高度重视提高地方预算编报完整性问题,采取一系列措施逐步加以解决。

(2)税费政策

税费既是内化外部成本的激励主体改变行为的经济手段,又是政府财政的重要来源。党的十七大报告提出,要重视资源与环境保护的要求,即建立考虑资源稀缺程度、环境损害成本的资源价格形成机制;实行有利于科学发展的财税制度,建立健全资源有偿使用制度和生态环境补偿机制。生态补偿机制便是综合运用政府、法律和市场手段落实生态文明的重要路径,是指对损害生态环境的行为或产品征收税费,对保护生态环境的行为或产品进行补偿或奖励,对因生态环境破坏和环境保护而受到损害的人群进行补偿,以激励市场主体自觉保护环境,促进环境与经济协调发展。目前,我国环境保护税费政策的基本格局是收费为主、税收辅助、补贴配合。这些税费政策的实施,基本上形成了限制污染、鼓励保护环境与资源的政策导向,但相对于可持续发展的战略目标而言,环境保护税费政策还需要完善。环境保护部常务会议曾指出:以科学发展观为指导,围绕落实中央经济工作会议精神,坚持中国特色社会主义的环保新道路,坚持制约机制和激励机制并重,既对高污染、高环境风险产品、工艺、企业加征税费,又充分利用减税措施,在所得税、增值税、消费税、营业税改革等方面融入环保要求,建立起支撑环境保护事业发展的环境税费政策体系。同时,继续参与资源型可持续发展准备金制度的制定,研究提高稀缺资源的税费力度的政策,将环境服务业等纳入营业税优惠范围,继续做好独立型环境税方案制订工作,全面强化环境经济政策的基础工作。

（3）税收优惠政策

2009年召开的全国财政工作会议，在支持发展高新技术产业方面指出：今后一个时期国家实行结构性减税政策；全面实施消费型增值税；调整小规模纳税人标准，降低征收率；实行有利于自主创新和科技进步的财税政策，支持发展高新技术产业；扶持中小企业发展；综合运用贴息、税收优惠等政策工具，推动节能减排、生态建设和环境保护；建立完善资源有偿使用制度和生态环境补偿机制；增加转移支付规模，促进区域协调发展。会议在实施积极财政政策、实行结构性减税方面指出：实施积极财政政策要实行结构性减税，采取减免税、提高出口退税等方式减轻企业和居民税收负担，促进企业扩大投资，增强居民消费能力。合理实施减税政策，从短期看虽然会带来财政减收，但能缓解企业困难，有利于促进经济平稳较快发展，从长远看，将为财政收入增长奠定基础。同时，会议在支持实施保障性安居工程方面指出：2009年中央财政将支持实施保障性安居工程。加大保障性住房特别是廉租住房的投资建设力度。严格按照规定，将住房公积金增值收益和土地出让净收益用于廉租住房保障。继续落实对廉租住房建设等方面的税费优惠政策，主要以实物方式，结合发放租赁补贴，解决城市低收入住房困难家庭的住房问题。落实好首次购买普通住房的各项税费优惠政策，鼓励居民购买自住性、改善性住房。实施对住房转让环节营业税等相关减免政策，促进住房供应结构调整，加快住房二级市场和住房租赁市场发展。

5.1.2 扶贫及移民安置政策

我国水利水电工程为国民经济和社会发展、人民生活改善和提高所做出的巨大贡献是以移民的迁移为代价的。工程移民往往是因大型开发工程的兴建而有计划地改变了原有环境的结果。工程移民因工程项目种类、规模、功能不同而有很大差异。就工程性质而言，常见的有城市建设工程、水利工程、交通工程、矿山或工业建设工程、自然保护区等。就工程移民的影响范围来分析，线状工程项目由于征地沿线分散，点状工程如新建港口、城市、工矿等由于征地影响面小，而且可以主动地将这些工程避开人口密集区域，所以移民数量也较少，移民安置难度不是很大。但是像水利水电工程由于筑坝蓄水而影响面广的工程一般要引起大规模的人口迁移活动。作为工程移民的一种主要类型，水库工程移民是水利水电工程建设中不可避免而又必须解决的重要问题。截至目前，水利水电工程的建设造成了1 500多万人的搬迁安置。水库移民为了支持水利水电建设事业，献出了自己的家园，为社会主义经济的发展、为人类作出了历史性的贡献。水库移民不仅数量庞大，而且涉及工程建设、地区发展、环境容量、移民生计、社会安定等诸多方面。移民安置处理不好，可能会导致经济结构破坏、人民生活困难、社会不安定、生态环境恶化等严重后果。水库移民安置问题产生的主要原因是没有给移民提供足够的资源、就业机会和基础设施配套的生产生活环境。对于移民而言，最重要的安置条件是为其提供生计的手段。只有解决好生产问题，才能使他们真正安居乐业。

1986年7月29日国务院转发水利电力部《关于抓紧处理水库移民问题的通知》。该通知指出："水库移民工作必须从单纯安置补偿的传统中解脱出来，改消极赔偿为积极创业,变救济生活为扶助生产。要把移民安置与库区建设结合起来,合理使用移民经费,提高投资效益,走开发移民的路子。"由此产生开发性移民理论。开发性移民就是指在一定时期内,采取科学的、政策的、经济的、行政的办法,以最经济有效的开发安置方案,开展水库移民安置区的生产和建设,使其具备和当地非移民共同致富的条件,以充分利用当地资源、发展商品生产,实现建库养库护库、移民安居乐业的目标。所谓开发性移民,就是把移民工程纳入整个社会之中,借助社会力量统筹规划,把移民问题和库区社会经济系统的改组、重建及资源的转移、开发、利用结合在一起考虑,使移民在多种途径经济开发过程中很自然地从一种产业转移到另一种产业,就像社会上几乎每天都在发生的搬家、改行转业一样,在新的居住点和生产领域中,移民和其他成员一样安居乐业,依靠勤劳致富。

水库移民安置不仅是个经济补偿问题,而且是关系到局部或区域社会稳定的大事;水利工程建设能否顺利进行,不单单是工程技术问题,更重要的是能否妥善安置好移民问题。为切实做好移民安置工作,确保工程建设顺利进行,南水北调(中线)工程丹江口水库移民安置将享受系列优惠政策。

(1)财政部门优惠政策

南水北调工程是党中央、国务院决策建设的优化我国水资源配置的重大战略性基础设施。水源地移民安置工作是南水北调(中线)工程的重要组成部分,事关工程建设成败。为切实做好移民安置工作,确保工程建设顺利进行,国家明确南水北调(中线)工程移民安置将享受系列国家优惠政策。

(2)其他政府部门的优惠政策

国土资源部门在办理丹江口水库移民安置建设用地和生产用地手续时,按照国家最低标准收费;属于应由移民个人承担的费用,只收取工本费。教育部门要支持移民区发展教育事业,做好移民学生的转学入学衔接工作,并免收借读费用。移民搬迁后 5 年内,移民考生在中招、高招录取中给予降 5～10 分照顾。劳动保障部门要优先安排移民劳动技能培训,积极组织移民劳务输出,拓宽移民就业渠道。林业部门对因库区淹没和移民安置需采伐的林木免征育林金,及时办理采伐证;移民搬迁运输自有木材,免费办理准运证。

(3)扶贫开发政策

我国扶贫开发的总体战略是:继续坚持开发式扶贫为主的方针,同时加大农村救济救助工作力度,对没有劳动能力的困难家庭建立最低生活保障制度。我国"十一五"期间扶贫工作的目标是:基本解决农村贫困人口的温饱问题,并逐步增加他们的收入;按照建设社会主义新农村的要求,基本完成 14.8 万个贫困村的整村推进扶贫规划。同时,中央财政将加大农村公共基础设施和环境综合整治投入。将农村公路管护纳入财政支持范围,健全财政支农资金稳定增长机制,大幅度增加对农村基础设施建设和社会事业发展的投入,大幅度提高政府土地出让收益、耕地占用税新增收入用于农业的比例,大幅度增加对中西部地区农村公益性建设项目的投入。

(4)支农政策

支持建立健全农村金融服务体系,综合运用贴息、保费补贴、税收优惠等财税政策措施,引导社会资金投入,形成多元化支农投入格局。在稳定现行农业保险保费补贴政策的基础上,研究适当提高种植业补贴比例,稳步增加补贴品种。继续推动整合相关支农政策和资金,以现代农业生产发展资金为平台,统筹用于支持各地发展粮食等优势主导产业。

因此,政府的一系列补偿政策都有利于工程建设的合法、规范,有利于弥补市场的缺陷,统筹各地区经济发展,有利于保障资源和环境的可持续发展。

5.2 国家相关法律法规分析

在一个良好的法治社会中,"以正当程序制定的法律应当具有终极性的最高权威"。法律通过对不同主体间的利益调整,形成秩序的状态,以追求正义。南水北调水源地补偿机制要通过法律得以确立,补偿机制需要在法律范围内运作,水源地补偿的范围、主体、客体、内容、手段等制度化建设需要法律的保障。

5.2.1 《中华人民共和国水法》的相关规定

《中华人民共和国水法》把党和国家的治水方针、政策、思路和目标通过法律形式确定了下来。它确立了国家水资源管理体制,建立和完善了水资源统一管理、宏观调控、合理配置和统一调度、水资源有偿使用、节约用水和水资源保护等方面的法律制度,强化了流域管理,明确了流域管理机构的法律地位,建立和完善了一系列的流域管理制度,并赋予流域管理机构相应的职责以及强有力的水行政执法和处罚的权利,为实施流域管理提供了有力的法律保障。

(1)水资源配置管理制度

《中华人民共和国水法》第四条规定:开发、利用、节约、保护水资源和防治水害,应当全面规划、统筹兼顾、标本兼治、综合利用、讲求效益,发挥水资源的多种功能,协调好生活、生产经营和生态环境用水。第二十一条规定:开发、利用水资源,应当首先满足城乡居民生活用水,并兼顾农业、工业、生态环境用水以及航运等需要。第五十五条规定:使用水工程供应的水,应当按照国家规定向供水单位缴纳水费。供水价格应当按照补偿成本、合理收益、优质优价、公平负担的原则确定。具体办法由省级以上人民政府价格主管部门会同同级水行政主管部门或者其他供水行政主管部门依据职权制定。

(2)水资源保护管理制度

《中华人民共和国水法》第九条规定:国家保护水资源,采取有效措施,保护植被,植树种草,涵养水源,防治水土流失和水体污染,改善生态环境。第二十二条规定:跨流域调水,应当进行全面规划和科学论证,统筹兼顾调出和调入流域的用水需要,防止对生态环境造成破坏。第五十三条规定:新建、扩建、改建建设项目,应当制订节水措施方案,配套建设节水设施。节水设施应当与主体工程同时设计、同时施工、同时投产。

(3)水工程建设管理制度

《中华人民共和国水法》第二十九条规定:国家对水工程建设移民实行开发性移民的方针,按照前期补偿、补助与后期扶持相结合的原则,妥善安排移民的生产和生活,保护移民的合法权益。第三十五条规定:从事工程建设,占用农业灌溉水源、灌排工程设施,或者对原有灌溉用水、供水水源有不利影响的,建设单位应当采取相应的补救措施;造成损失的,依法给予补偿。

5.2.2　其他相关法律法规的规定

国家相关法律法规(见图 5-1)关于补偿制度方面的规定,涉及许多部门、许多领域,以下就三个方面展开论述。

图 5-1　国家相关法律法规

(1)财税

《中华人民共和国水污染防治法》第七条规定:国家通过财政转移支付等方式,建立健全对位于饮用水水源保护区区域和江河、湖泊、水库上游地区的水环境生态保护补偿机制。

《中华人民共和国企业所得税法》第二十五条规定:国家对重点扶持和鼓励发展的产业和项目,给予企业所得税优惠。第二十七条规定:企业的下列所得,可以免征、减征企业所得税:①从事农、林、牧、渔业项目的所得;②从事国家重点扶持的公共基础设施项目投资经营的所得;③从事符合条件的环境保护、节能节水项目的所得;④符合条件的技术转让所得。第三十四条规定:企业购置用于环境保护、节能节水、安全生产等专用设备的投资额,可以按一定比例实行税额抵免。

《中华人民共和国水土保持法》第三十三条规定:国家鼓励单位和个人按照水土保持规划参与水土流失治理,并在资金、技术、税收等方面予以扶持。

(2)环保

《中华人民共和国水污染防治法》第十六条规定:国务院有关部门和县级以上地方人民政府开发、利用和调节、调度水资源时,应当统筹兼顾,维持江河的合理流量和湖泊、水库以及地下水体的合理水位,维护水体的生态功能。

《中华人民共和国环境保护法》第六条规定:一切单位和个人都有保护环境的义务。地方各级人民政府应当对本行政区域的环境质量负责。企业事业单位和其他生产经营者应当防止、减少环境污染和生态破坏,对所造成的损害依法承担责任。公民应当增强环境保护意识,采取低碳、节俭的生活方式,自觉履行环境保护义务。第三十条规定:开发利用自然资源,应当合理开发,保护生物多样性,保障生态安全,依法制订有关生态保护和恢复治理方案并予以实施。引进外来物种以及研究、开发和利用生物技术,应当采取措施,防止对生物多样性的破坏。

(3)专项基金

《南水北调工程基金筹集和使用管理办法》第二条规定:南水北调工程基金在南水北调工程受水区的北京市、天津市、河北省、江苏省、山东省、河南省(以下简称6省市)范围内筹集。第三条规定:南水北调工程基金通过提高水资源费征收标准增加的收入筹集,还可将现行水资源费部分收入等划入南水北调工程基金。水资源费征收标准提高的具体幅度和从现行水资源费收入中划入南水北调工程基金的比例,由6省市人民政府根据本地区分摊的南水北调工程基金额度、工程计划进度、水价调整空间以及社会承受能力等因素确定。要充分考虑低收入阶层对提高水价的承受能力,采取有效措施,保障其生活的稳定。

5.3　补偿公共政策支持

南水北调工程是解决中国北方水资源严重短缺问题的特大型基础设施项目,建设的目的是通过跨流域的水资源合理配置,保障经济、社会与人口、资源、环境的协调发展。本节在前一章对国家相关补偿公共政策分析及途径研究的基础上,对其补偿政策做了公共财政政策,税费和专项基金政策,税收优惠、扶贫和发展援助政策,经济合作政策四个方面的研究(见图5-2),目的是通过国家政策和京津地区相关的补偿措施,保护商洛水源地,保障南水北调(中线)工程顺利实施,促进商洛地区经济发展。

图 5-2　商洛水源地保护与公共政策研究框架

5.3.1　公共财政政策

在市场经济条件下,政府的职能是弥补市场的缺陷,满足社会公共需要,财政则是实现政府职能的物质基础。因此,市场经济条件下的财政亦被称为公共财政,公共财政通常担负三个方面的职能,即资源配置、收入分配和稳定经济。资源配置,就是运用财税等手段,将一部分国民生产总值或国民收入集中起来,通过财政资金的再分配,为各种社会公共需要提供资金保障。收入分配,就是通过税政和转移支付等手段,调节社会成员之间以及地区之间的收入分配格局,以便消除贫富悬殊现象,实现社会公正。稳定经济,就是运用税收、财政支出、国债等政策手段,对经济运行进行干预,促进充分就业、经济增长、物价稳定等社会经济发展目标的实现。

在对国家相关财政政策研究的基础上,针对商洛地区,应把水源地保护与补偿的重点放在财政转移支付和建立保证金制度之上。根据公共财政政策发展的趋势和建立生态补偿机制的需要,在新形势下,就商洛水源地补偿的财政政策,进行了加大财政转移支付力度、建立"资金横向转移"补偿模式及建立押金制和执行保证金制度三方面的设计(见图5-3)。

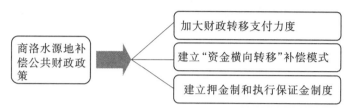

图 5-3　公共财政政策研究框架

5.3.1.1　加大财政转移支付力度

财政转移支付是财政体制的重要组成部分,它包括一般性转移支付、民族地区转移支付等多项支付政策。从狭义上讲,转移支付制度主要是指一般性转移支付,它是一种以满足各地最基本的公共产品(如水资源)生产成本的一项制度。

应当建立适合于商洛水源地生态保护和建设的财政转移支付制度,在财政转移支付项目中增加水源地生态补偿科目。在中央财政的直接预算和各种专项补贴以及必要的政策中,将水源地生态补偿纳入长期性财政转移支付制度,使得商洛市拥有稳定的水源地保护资金收入。

5.3.1.2　建立"资金横向转移"补偿模式

建立"资金横向转移"补偿模式(见图5-4),让南水北调(中线)受益地区直接向商洛地区进行财政转移支付。通过京津地区向商洛地区进行财政转移支付,改变横向地区间的利益格局,实现地区间发展机会的均衡,提高商洛水源地人民生活水平,缩小地区间经济差距。

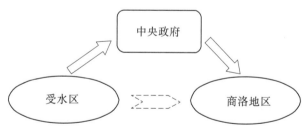

图 5-4　"资金横向转移"补偿模式

为了减少应补未补、补偿过度和补偿不足等不公平和效率低下现象,更为重要的是要由中央财政确定横向补偿标准,将京津等受益地区向商洛地区的转移支付资金统一上缴中央政府后,再通过中央政府将水源地补偿资金拨付给因保护和投入生态环境资源而丧失经济发展机会的商洛地区。

5.3.1.3　建立押金制和执行保证金制度

这种补偿方式是利用经济方式迫使和刺激开发者从事生态环境恢复的一种有效手段。商洛市的经济主体在从事某项开发活动之前,先向银行或环境管理部门交纳一定数额的资金,以此来保证其在开发过程中造成的生态环境破坏或污染可以得到恢复。这里所说的恢复,是根据生态环境的要求,对其占用的土地和矿山恢复部分生态环境功能,以防止水土流失、沙漠化、泥石流等危害,对开发造成裸露的地区进行复土造田和植树绿化,使其形成良性的生态环境功能。

事实上,押金制和执行保证金制度并不能算是完全意义上的补偿方式,它只是为防止经济主体逃避水源地保护责任而实施的一种保障手段,可以理解为征税手段和补贴手段的组合使用,即当经济主体的行为可能引起生态破坏或环境污染时向其"征税",当经济主体对其所造成的破坏或污染进行恢复或治理后,则又将这一税金退还给经济主体。但它对那些可能对生态环境造成损害的行为有很强的约束和规范作用,从其根本目的和作用来讲,这类经济手段仍是实现补偿的一种有效方式。

5.3.2　税费和专项基金政策

税费既是内化外部成本的激励主体改变行为的经济手段,又是政府财政的重要来源。可向公民和组织征收环境保护税和水资源补偿费,并建立专项基金用于水源地经济建设。

通过分析国家政策法规,实现商洛水源地环境、经济的可持续发展,落实科学发展观、建设生态文明,应当设立环境保护税和水资源补偿费,同时设立商洛水源地生态补偿专项基金,作为水源地经济建设的可靠来源。

5.3.2.1　建立环境保护税制度

建立环境保护税制度,征收统一的环境保护税,建立以保护环境为目的的专门税种,开征森林资源税和草场资源税,以避免和防止生态破坏行为。商洛市应以那些对流域的生态环境可能造成或已经造成不良影响的生产者、经营者、开发者为征收的对象,统一征收环境保护税,并统一纳入财政部门管理,然后由国家负责,每年将一部分资金返还给生态环境修复者和建设者。

5.3.2.2　征收统一的水资源补偿费

资源和环境是可持续发展的两个基本要素,水资源作为一种重要的自然资源,保证水资源的充足与安全是确保经济可持续发展的一个必要条件。在以市场经济为基本制度的社会里,经济手段是确保自然资源最优利用的最理想手段。通过开收水资源补偿费,运用收费这一经济手段,增加水源地地方财政收入,成为促进商洛水源地可持续发展的一种重要途径;同时这种经济手段又可以提高受水区人民节约用水的积极性。

由于目前全国水资源费的征收办法与各地的水行政日常工作特别是取水许可证的发放密不可分,另外,取用水资源计量复杂、管理涉及部门多等特殊因素,水资源费的征收应由国家水资源管理部门与地方水资源管理部门共同完成,最后纳入国家财政核算并拨付给商洛水源地。

5.3.2.3　设立商洛水源地生态补偿专项基金

增大中央财政用于南水北调(中线)水源地生态保护的预算规模和转移支付力度,通过南水北调工程基金,设立商洛水源地生态补偿专项基金,用于商洛水源地生态及经济建设项目的信贷担保和贴息。商洛水源地生态补偿专项基金一部分来自于南水北调工程基金,还可以由受水区政府拨出一笔专项资金,另一部分来自于各种形式的资助及援助,逐步构建以政府财政为主导,社会捐助、市场运作为辅助的生态补偿基金来源。在实践中,这些基金主要用于商洛水源地生态及经济建设,用于治理和修复自然灾害和特殊情况造成的重大生态和经济损失等。

5.3.3 税收优惠、扶贫和发展援助政策

党的十七大报告指出,把统筹城乡发展作为正确认识和妥善处理中国特色社会主义事业中的重大关系。在研究商洛水源地补偿政策的同时,需要重点关注的是贫困农村和生态移民,要把真正对农民有利的政策落实到位,实现商洛水源地经济、社会的稳定发展。针对商洛水源地发展现状,需完善税收优惠、扶贫开发与移民搬迁等政策法规,增强公众意识。

针对商洛地区,对企业实行税收优惠,统筹城乡发展,实施扶贫和发展援助是生态补偿政策的重要辅助手段,其主要目的是补偿发展机会成本的损失。

5.3.3.1 税收优惠

《中华人民共和国企业所得税法》第二十五条规定:国家对重点扶持和鼓励发展的产业和项目,给予企业所得税优惠。依托蔬菜、食用菌基地,建设起来的镇安雪樱花食品有限责任公司、山阳魔芋精粉加工厂、柞水红香椿绿色食品加工厂,实现销售收入 7 160 万元,利税 1 358 万元。板栗、核桃产业化项目,山阳金力金、智源食品加工厂,实现年销售收入 10 亿元,利税 4 000 万元等。应对这些当地的企业在税收上给予适当优惠,以帮助企业提高科技水平、扩大生产规模、开拓新市场。

盘龙公司、欧珂公司与商洛学院合作建设的教育人才培养基地在柞水盘龙生态产业园区正式挂牌成立,这是柞水首家校企合作建立的人才培养基地,为柞水龙头企业与高等院校合作育人开了先河。绿迪集团商洛分公司近年来致力于商洛橡树产业化项目,为商洛市林业产业化建设、进一步提升区域经济做出了积极贡献。该项目已被市委、市政府列入《商洛栎类十年发展规划》。该项目的实施,为推动陕西省林业企业专业化和规模化生产,进一步做大做强林业产业探索了一条新路子,同时也在新农村建设、促进农村经济结构调整、增加就业机会和农民收入等方面发挥了重要作用。依据企业所得税法及实施条例,应当给予上述企业所得税优惠。

5.3.3.2 扶贫开发与移民搬迁

可以说在现实中,困扰和制约南水北调(中线)商洛水源地环境保护的最重要的因素还是贫困问题。而环境的治理、流域生态的管理是需要大量的资金来支撑的。因此,如果这一责任完全由商洛市负担,那将是不堪承受之重负。流域补偿机制建立在体现公平、公正原则的基础上,也在以另外一种形式实现受水区对商洛地区的反哺。缩小地区之间的差异,促进流域内的和谐发展,实现经济、环境、社会效益的协调统一,以最终实现人与流域生态环境的和谐共存与发展。

商洛水源地是一个欠发达地区,也是革命老区。全市所辖 7 县区均属国家级贫困县区。截至 2006 年底,全市有 48.8 万贫困人口和低收入人口,其中 2006 年底人均纯收入 625 元以下尚未解决温饱的贫困人口 15.1 万人,625 ~ 865 元尚未实现脱贫的低收入人口 33.7 万人,占总人口的 20%。大部分贫困人口生活在生态环境功能重要的地方,他们的

传统的生活方式给生态环境造成了很大的威胁。为保护生态环境实施退耕还林有需要且有必要进行生态移民搬迁。商洛水源地生态移民,既有利于减轻环境压力、涵养水源,又有利于移民摆脱贫困状态。如果这些贫困人口全部搬迁集中安置,不仅对扶贫工作具有积极意义,也是对南水北调工程水源保护的绝对支持,从而保证供水质量,促进商洛的稳定与发展。

坚持"政府引导、群众自愿、统一规划、分步实施、相对集中、有土安置、异地搬迁"的原则,实行移民搬迁与农业综合开发、小流域治理、农田基本建设、小城镇建设、退耕还林等有机结合,以集中或相对集中安置为主,新建移民新村,搬迁贫困户。确保"搬得出,住得稳,能致富"。实行扶贫移民动态管理,充实完善移民库。依托优势资源,发展优势产业,切实促进贫困户增收。实行农业银行、农村信用社和邮政储蓄银行并驾齐驱,到户扶贫贷款投入机制。以扶贫贴息贷款为支撑,引导扶持贫困户发展以药、果、畜、菌、茶等为主的优势产业,建立一批种植业、养殖业、林果业产业基地,帮助贫困户稳定收入来源。

为保护南水北调(中线)工程水源地生态环境、确保水源水质安全,实现移民脱贫致富,国家有关部门可以研究将商洛水源地生态移民纳入国家生态移民试点,以实现水源地生态环境保护,把生态移民与新农村建设、全面建设小康社会结合起来,把商洛社会经济发展与水源地保护结合起来,把生态移民与水源地生态建设结合起来,确保"一库清水",真正实现"以人为本、南北双赢"。新搬迁的移民新区如图5-5所示。

图5-5　南水北调(中线)工程移民新区

5.3.3.3　完善政策法规

针对目前我国具体的流域生态补偿办法、法律缺失的状况,应尽快加强关于生态保护和生态补偿的专项立法工作,从法律上明确各生态补偿主体及其义务、生态补偿责任、补偿形式、补偿标准的制定方法等。制定《商洛水源地生态保护补偿办法》《商洛水源地保护应急预案》,使商洛水源地生态补偿有法可依,一是可以避免政府不合理的滥用补偿费用的情况,二是可以对市场机制下的生态补偿纠纷进行及时的处理,为商洛水源地生态补偿制度的规范化运作提供法律依据。

5.3.4　经济合作政策

开展经济合作,实现对口帮扶是解决商洛水源地补偿问题的辅助政策,其目的是补偿商洛地区的发展机会成本。经济合作的形式是多种多样的,主要有以下几种方式。

5.3.4.1　建立异地水源地经济技术开发区

　　为了扶持商洛贫困地区,同时保护水源地的生态环境,化解环境与发展的矛盾,建议在异地设立商洛扶贫经济技术开发区(见图5-6)。设党委和管委会,其组成人员由商洛市任命,开发区内所得税收归商洛市。这样能够做到经济效益、生态效益和社会效益相结合,实现扶贫开发与生态保护的双重目标和欠发达区域与发达区域的双赢。异地开发模式可以成为一种有效的"造血"补偿方式。其不仅增加了商洛市的财政收入,增强了发展经济的基础与能力,而且可以吸纳商洛市大量剩余劳动力,减少商洛地区的贫困人口,同时培养一批技术和经济管理人才。经济技术开发区的建立为商洛市提供了一个窗口,使人才、信息、资金、产业、资源都能得到异地开发。

图5-6　异地设立扶贫经济技术开发区参照图

5.3.4.2　建立对口帮扶新机制

　　汶川地震灾后恢复重建是在中央的统一安排下统筹实施对口支援,一方面提高了对口支援省市的积极性,另一方面也提高了对口支援的有效性和持续性。汶川地震后的重建开创了对口帮扶的成功典范,而且得到了国内外的一致认可,其成功经验值得学习、借鉴。南水北调(中线)工程水源地补偿可以效仿,探索适合当地发展的帮扶辖区、企业、金融机构对帮扶目标区域的"3＋1"模式对口帮扶新机制。其模式例证涉及具体对口帮扶模式和支援地区、企事业单位(见表5-1)。

表5-1　"3＋1"模式例证对口帮扶一览表

行政区	对口帮扶辖区	对口帮扶企业	对口帮扶金融机构
商州区	海淀区(北京)	北京城乡建设集团有限责任公司	中国银行北京市分行
洛南县	朝阳区(北京)	北京三元集团有限责任公司	北京银行
丹凤县	昌平区(北京)	北京医药集团有限责任公司	中国农业银行北京市分行
商南县	宣武区(北京)	北京农业集团有限公司	中国建设银行北京市分行
山阳县	和平区(天津)	天津渤海化工集团有限公司	中国银行天津市分行
镇安县	南开区(天津)	天津市医药集团有限公司	中国农业银行天津市分行
柞水县	塘沽区(天津)	天津市物资集团	中国建设银行天津市分行

5.3.4.3　开发旅游资源

商洛水源地的原始生态和自然环境是非常珍贵的旅游资源,可以由受水区的政府或企业主导性投入及管理介入开发特色旅游,以创建生态文明村为载体,以旅游扶贫为手段,将自然环境、绿色生态经济、生态旅游、生态文明与生态文化导入广大乡村地区,加大旅游资源保护性开发力度,发展对口支持、城乡互动型乡村旅游,并带动和促进乡村相关产业发展,增强贫困乡村的自我发展能力,增加农民收入。

5.3.4.4　农特产品销售

商洛地区的天然无公害农特产品是受水区民众喜爱和需要的,而长期以来受技术、交通等影响,农特产品难以进行深加工,也难以建立有效的销售渠道。可以在京津等南水北调(中线)受水区设立专门机构,对商洛的特色农副产品实行订单生产,或"绿色通道"式销售,形成互利共赢的生产销售帮扶新格局。

5.3.4.5　投资兴建清洁型产业项目

商洛所处的地理位置及粗放型增长方式,决定了其发展与环境制约的必然性矛盾。商洛市 7 个县区都地处国家南水北调工程水源涵养区,其发展必然形成大量的工业"三废"排放,特别是污水排放,直接威胁着首都人民的饮水安全。面对如此重大问题,商洛市立足本地资源优势,依托陕西延长集团、陕西省投资集团、陕西省有色集团和法国电力公司及比亚迪股份公司等大型企业,以生态环境保护为前提,以商洛发电厂为支撑,以铁路、公路、水资源为条件,以新能源材料、盐化工、氟材料、锌及锌合金材料等为重点,走产业链延伸、资源综合利用和环境友好的循环经济发展路子,打造商(州)丹(凤)循环工业经济园区。京津地区可以在技术和项目资金上对工业园区给予扶持,投资园区路、桥、堤、水、电等基础设施建设。鼓励中小企业在此投资创业,拓宽市场渠道,加强经济合作往来,实现商洛市经济跨越式发展,推动全市经济快速增长。

5.3.4.6　开展人力资源培训与教育扶持

商洛当地特色农产品加工企业发展势头良好,京津地区可以选派专业技术人员,举办专题培训班,开展技术讲座和现场指导等,对农民进行无公害蔬菜、板栗、核桃等栽培技术、畜牧、养殖、农产品加工方面的技术培训,使项目区有劳动能力的农民能够掌握一至两门实用技术,增强现代农业发展的后劲。选派科技志愿者,到当地企业、事业和农村担任技术顾问,推广应用新技术、新成果、新工艺,提高工、农业生产的科技含量。

京津地区的高校可以与商洛学院等高校开展科研合作项目,加快现代科技成果的转化应用和新产品的开发步伐。选派优秀教师、学生相互交流学习。可以就当地的实际情况,设立商洛水源地补偿相关专业,培养有潜力的大学生,不仅可以解决当下就业难的实际问题,而且专业对口性强,可以作为南水北调水资源地补偿机制的后续力量。教育扶持与交流模式实施例证可参见表 5-2。

表 5-2　教育扶持与交流模式实施例证

商洛地区大中专院校	北京地区高校	天津地区高校
商洛学院	北京大学	天津大学
陕西省商洛市技工学校	中国人民大学	南开大学
柞水县职业中等专业学校	北京师范大学	天津师范大学
陕西省商洛农业学校	中国农业大学	天津医科大学
商洛扶贫技校	中央财经大学	天津财经大学
陕西商洛新潮专修学院	中国传媒大学	天津理工大学
商洛远程职业学校	北京工业大学	天津工业大学
商州区新世纪职业培训学校	北京工商大学	天津商学院

5.4　补偿的公共政策途径研究

公共政策是主要通过经济及生态利益的诱导改变区域和社会的发展方式。对水源地进行公共政策补偿,是由政府管理公共事务的职责所决定的,也是各地区间协调发展的要求。在我国的生态补偿制度中,政府补偿占有很大比重,其优势在于:政府补偿可以提供比个体补偿强大得多的资金来源,而且政府补偿是政府从宏观角度协调区域间生态、经济发展所做出的举措,避免了市场补偿的盲目性。首先,政府作为一个层次性、系统性很强的组织,其体系化、战略化的补偿效果更为显著。其次,水资源的公共物品属性和水源地补偿的正外部性特征要求代表公益的政府的介入。

在我国当前的政治体制中,对水源地公共政策补偿做了以下五方面的研究。

5.4.1　财政转移支付制度

财政转移支付本意是财政资金的转移或转让。财政转移支付指以各级政府之间所存在的财政能力差异为基础,以实现各地公共服务的均等化为主旨而实行的一种财政资金或财政平衡制度。我国 1994 年实施分税制以来,财政转移支付成为中央平衡地方发展和补偿的主要途径。

从层级上说,财政转移支付包括由中央政府进行的国家级财政转移支付和省级政府在全省范围内进行的省级财政转移支付。水源地补偿应是多层次的:一是在全国范围内,发达地区有必要、有义务加大对重要水资源功能区域资金和技术的支持;二是下游地区对上游水源地控制区应进行必要的补偿。这就需要国家运用财政手段,通过政府间的财政转移支付,加大国家在重要水资源功能区的投资力度,长期、稳定地加强对贫困地区生态环境保护的支持,并进行地区开发性补偿。因保护水源地生态环境而造成的财政减收,应该作为计算财政转移支付资金分配的一个重要因素。省级政府也应加大财政转移支付力度,给重点水源地保护区域以适当的补偿,或帮助兴办一些不增加当地水生态环境压力的产业,来带动区域经济的发展。

5.4.2　建立水源地补偿专项基金

所谓基金,简单地说,就是专为某种特定目的设置的专款专用的资产。水源地补偿基金制度是一个总括性的概念,它包括以生态与经济建设和补偿为目的所设立的林业基金、森林生态效益补偿基金、各项环境整治基金、农业建设基金和经济发展补偿基金等各项基金制度。资金是生态补偿得以运行的血液,是生态建设和环境保护顺利进行的物质基础。建立一套行之有效的水源地补偿的基金制度是水源地补偿资金有效运作的根本保证。

(1)建立水源地补偿基金制度可以充分调动社会力量进行生态补偿

从当前国家财政形式和国情来看,单纯依靠国家财政较大幅度地增加水源地等生态方面补偿的投资是不可能的。近几年来,随着国家财政体制的改革,已经增加了生态建设和环境保护方面的资金投入,但是与水源地补偿的需要相比仍有很大差距。通过建立水源地补偿基金制度,可以充分调动社会各方力量进行水源地补偿,形成多渠道、多层次、多形式的资金投入机制。

(2)建立水源地补偿基金制度可以提高资金的使用效益

水源地补偿基金制度是以国家投入为主体、多渠道筹集补偿资金的一项资金管理制度。作为一项专项资金管理制度,它具有以下明显的优点:一是无论在资金来源渠道还是在资金数量上都具有稳定性和可操作性;二是实行预算内管理,可以增强水源地基金管理部门对资金的调控能力,加强对资金使用、实施的有效监督,保证按照规定用途使用资金,减少资金的损失和浪费,提高资金的使用效益;三是建立基金制度可以集结整个社会的力量投入水源地保护与建设中,能够充分发挥资金使用的规模效益。

水源地补偿基金的筹集应该是多渠道的,国家应该把水源地补偿基金纳入国民经济收支体系,采取财政预算直接拨款的方式,提供稳定可靠的资金来源;征收的水源地补偿税(费)也应成为基金的一部分,专款专用,保证资金投向生态环境保护与建设,以及水源地经济发展领域;根据"谁受益谁补偿"的原则,从生态建设中获利的部门,例如大型水电站、水库等受益部门或单位也应成为水源地补偿基金的来源;另外,国家还应从土地收益和某些国有公共设施运作的收益中提取部分资金作为水源地补偿基金。

目前我国的生态补偿基金是由政府管理的,生态保护是一项全民的事业,需要公众的广泛参与。为了更好地募集资金,可以借鉴基金会的形式,设立水源地生态补偿的开放式公众基金,由流域内所有受益者将手中的资金集中起来,由投资者投资经营环保产业。这样一方面可以使自身的环境得以改善,另一方面可以在经济上有所收益。政府对于这类基金的收益应给予一定的税费减免,但对基金的投资方向应进行严格限定:只能投资于政府为环保工程和水源地补偿筹资而发行的债券以及私人或政府发起的环保产业的运营等方面。

5.4.3　征收资源性税费

长期以来,我国对水资源采取粗放型掠夺式的经营,水资源廉价甚至无偿使用,忽视水资源的核算和管理,造成水资源价值补偿严重不足,致使国民生产总值不断增长的同时,水生态环境与资源基础都在持续削弱,形成了经济发展中实质性的空洞现象。由于水资源价值不能在生产或消费成本中得到正确体现,成本构成不完整,比价关系紊乱,直接影响到国民收入和各微观经济主体收益的真实性。它一方面削弱了资源产业发展生产的积极性和其内部的"造血"功能,另一方面鼓励了水资源消费者的消费扩张。这是因为在"资源无价、原(燃)料低价、产品高价"的不合理比价关系中,水资源消费者可以用过度消费生态资源发展生产的办法,将资源产业剩余利润隐性地转移到自己的企业收益中去,从而进一步强化了投资冲动和消费扩张,造成了生态恶化和水资源的巨大浪费。更为严重的是,水资源价值补偿不足冲击了我国的财政经济活动,这集中体现在资源产业再生产失去应有的资金投入和技术保障,水资源赤字越来越大,妨碍了经济社会的可持续发展。开征资源税(费),可以有效地解决水资源物质补偿和价值补偿的双重关系,运用财政手段及其衍生的政策工具,消除市场在生态环境问题上存在的外部不经济性,从而将可持续发展和生态环境保护变为一种具有内在商业价值的制度安排。

从一般意义上说,税和费都是政府取得财政收入的形式。税收是政府为了实现其职能的需要,凭借政治公权力,按照一定的标准强制无偿地取得财政收入的一种形式。对于水资源这些公共产品、公共服务成本的补偿,有时不适合采用征税方式,可以采用较为灵活、有效的收费方式。

5.4.4　生态移民工程

生态移民是一项系统工程,指为了恢复生态恶化地区环境和缓解该地区人口的贫困,促进当地经济、环境和人口的协调发展,由政府组织将该地区土地超载人口以集中或分散的方式迁出到另一土地承载冗余的地区的活动。简单地说,就是改变一部分人的生存环境,促进生态资源的可持续利用的一种有意识的人口迁移。如"三江"(长江、黄河、澜沧江)之源地区的大规模移民。我国的生态功能区和水源涵养地,对广大中下游地区乃至全国的可持续发展起着生态屏障作用,可是人类活动加剧了这个地区生态的退化。因此,必须采取自然修复的办法,将当地居民移往他处,同时改变移民传统、粗放、贫困的生活方式,使其真正从移民工程中受益。

生态移民工程需要国家政策的大力支持。从资金、基础设施、移民新区建设、产业发展、税收优惠等多方面配套政策去保证移民工程的顺利实施,是解决水源地生态环境和地区贫困矛盾的最有效方式,使移民真正实现"搬得出,稳得住,能致富"。

5.4.5　开展经济合作政策

水源地经济建设发展需要国家相关政策的支持和鼓励。目前,我国的水源地生态补偿方式主要采取的是以国家的财政支付为主的输血式补偿。一方面,因为国家的财政投入与生态补偿所需的资金相比,杯水车薪,存在着极大的资金缺口;另一方面,因为输血式的水源地生态补偿方式无法解决发展机会补偿的问题,无法实现生态保护和建设投入上的自我积累、自我发展以及补偿额度难以量化,所以从长远来看,我国的水源地生态补偿应当采取以造血式补偿为主、输血式补偿为辅的混合补偿方式。

造血式补偿,从产业发展角度可分为异地工业园开发和本地建立循环产业区两种方式。这两种方式的规划、审批、征地、基础设施建设、招商引资、税收、商品销售等都需要配套政策去保证其顺利实施,并且与同等工业园区相比要有更多的政策性优势,从而实现保护区的社会经济发展和生态环境保护的双赢,实现受水区和水源区的双赢。

5.5　补偿的方式方法

水源地补偿的目的是对水源区在水源保护过程中所付出的长期的巨大努力与代价以及由此造成当地发展机会和人民生活水平提高等方面的损失进行相应合理的补偿,其补偿措施应该且必须形成机制化和长效化。补偿方式对建立补偿机制及达到水源地补偿的目的有着重要的影响,其不仅会从补偿的形式、补偿的具体对象以及补偿时点和期限等方面具体影响水源地的利益与效用,而且会影响水源地在水源保护力度、保护持续性及当地后续经济发展方面的作用发挥,以致影响最终的经济效益、社会效益及生态效益。在水源地补偿过程中,应按照公平性、"谁保护谁收益,谁受益谁补偿"、生态保护优先以及灵活性的原则,建立水源地补偿合理、高效、长效的补偿机制,其补偿措施应力求多层次、全面性与综合利用,以能真正达到对水源地补偿的目的和效果。

目前,我国水源地的补偿方式主要包含以下五个方面。

5.5.1　行政方式

行政方式主要是指包括中央政府在内涉及水资源补偿地区的各级政府采取行政命令或行政手段的方式对水源地实施补偿的一种政府性行为,具有强制性、导向性、系统性和可靠性。在我国现行体制下,政府在资源调配与优化方面有着不可替代的作用,通过应用一定的行政手段或方式,使有限资源在资源调配过程中实现定向输送和系统协调的目标,以达到重点扶持与统筹发展相统一的目的。水源地补偿是对水源地在水源保护过程中所损失的生态保护成本和发展机会成本进行补偿,涉及面较广,具体补偿对象所涉群体利益也较为复杂,因此水源地补偿需要通过一系列的行政措施来保障水源地的权益和效用,采用行政的方式是我国目前水源地补偿的主要途径和方式。水源地补偿的行政措施主要是通过制定具有针对性的纵横向财政转移支付政策、税费优惠政策、补偿专项基金政策、扶贫与发展支持政策以及经济合作政策等一系列旨在保护水源与促进当地经济发展的政策措施,以完善和保障水源地补偿体系与机制的形成。

采用政策补偿方式虽能有效地实现对水源区进行补偿的目的,保证补偿政策的落实,但这种行政命令式的补偿方式却忽略了受水区和水源区作为补偿主体的主动性,未能实现补偿主体间的直接对接与联系,也往往表现出补偿时点的滞后性和补偿手段对水源区的不适应性,且补偿过程中受其他因素影响的变动较大。在现行体制和取用水许可制度下,行政补偿方式仍将作为我国水源地补偿的一种主要方式而长期存在,建立和完善以补偿主体为主的多元化补偿体系也需要一段较长时间的探索期和过渡期。为提高行政补偿方式的灵活性和有效性,建议从以下方面对行政补偿方式进行改善:①加强对水源地的纵横向财政转移支付力度;②针对水源地生态保护与经济社会发展特点制定定向和有针对性的扶持政策;③完善并优化水源地补偿的政策体系,多角度、系统化地提升政策补偿方式的力度和效果;④建立水源地政策补偿的运行监督机制与效果反馈机制,使补偿政策真正落到实处,发挥其效能。

5.5.2　市场方式

水资源调配是为解决缺水地区水资源匮乏问题而将水资源丰富地区的富余水调配到缺水地区,其目的是实现水资源的优化配置,而本质上是完成水权的再分配。水资源的稀缺性决定了水资源的有价性,同时水资源的分布不均也为水资源使用权的交换提供了条件,因此水资源就可以作为商品进行市场化交易。水源地补偿的市场方式,就是将水源地补偿各方作为市场交易主体,市场交易主体间通过经济手段或商品交易的方式自发参与到水权市场的产权交易之中的一种补偿方式。市场补偿是对政府行政补偿的有益补充,也是水资源补偿机制正在创新和发展的主要方向。市场补偿方式具有补偿主体的多元化、补偿主体的平等自愿性、价格机制引导下的市场激励性等特征,其所具备的这些特征使通过市场途径对水源地进行补偿的方式更具灵活性、公平性和生命力。市场补偿相较于政府政策补偿这一间接补偿方式,通过建立相应的水权交易市场和市场补偿机制,可以实现水资源受益者与水资源保护和提供者间的直接补偿与对接,具有相当强的灵活性。

水权交易是水源地补偿市场方式的基础和主要内容,要实现通过水权交易来完成对水源区的补偿,需预先建立一套较为完善和规范的水权交易保证制度,并在地区间形成一定的水权交易市场。我国长期处于计划经济体制下,对水权交易的探索和发展起步较晚,直到近十几年来随着市场经济的不断完善,地区间经济发展水平与水资源供给能力的明显差异化以及水资源匮乏影响经济和社会发展问题的日益突出,才为水权交易提供可发展的基础与空间。2000 年,浙江东阳—义乌水权交易案例成为我国首例尝试并成功的水权交易案例,此后,一些同流域内的地区间或不同流域的地区间为解决地区用水问题与充分利用水资源进行了一些水权交易的实践,这些实践为我国建立水权交易市场奠定了一定的经验和理论基础。随着国家南水北调工程的启动实施,大范围的水资源调配为水权交易的深化和水市场的建立提供了良好的契机与平台,也为水源地补偿市场方式的探索与研究提供了丰富的实践空间。

5.5.3　协调方式

对水源地实施补偿,是保护和涵养水源、实现水资源可持续利用的必要保障措施。我国目前水源地补偿主要依靠包括政策补偿、资金补偿、项目补偿等在内的政府行政补偿方式来实现,并通过成立水权交易市场,逐步探索和建立市场补偿机制来完善多元化、公平、可持续的水源地补偿模式。然而,在应用行政补偿方式和市场补偿方式的实践过程中,也存在着一些不利于水源地补偿公平、可靠的问题,譬如政府行政补偿过程中存在补偿资金来源结构单一且资金缺口大、资源定价体系不够合理、政府补偿的间接性致使受益者与保护者脱节、补偿主体的信息不对称等,而市场补偿方式在实践过程中也出现了补偿难度较大、难以建立长效的补偿机制以及缺乏相关配套的法律法规保障等问题。因此,在补偿过程中,需要建立能够充分保障各方权益的协调补偿机制,促进水源地补偿在公平、合理、可靠的环境下进行。

水源地协调补偿机制是在吸收传统补偿方式优点的基础上，结合自愿与强制要素，形成能够协调各方利益关系、规避补偿风险、完善补偿结构的补偿模式。其补偿机制可以通过以下三个方面来完善：一是以平等、公平为原则，各补偿主体或区域在自愿、合作的基础上建立和完善横向财政转移支付与水权交易模式；二是建立独立于补偿关系主体的第三方支付平台（补偿专项基金），并将中央政府作为执行监督者纳入补偿机制，体现补偿的强制性与可靠性；三是配套和完善水源地补偿相关法制协调体系，形成水源地补偿顺利进行的强大后盾。

5.5.4　民间援助

民间援助作为水源地补偿的辅助方式，丰富了补偿主体与补偿措施的结构体系和层次，同时也可以增进受益地区与水源地人民的交流与感情，提升对水源保护的积极性。我国水源分布结构与人口分布、区域经济发展不协调，水源地受地理条件所限且为保护与涵养水源所付出的相应代价使得水源地在经济发展程度、产业发展结构、文化教育水平与人民生活水平等方面都较为落后，为实现水资源的可持续利用和水资源的优化配置，国家和受益地区可以通过行政补偿与市场补偿等多种补偿形式，来促进和提升水源地的经济发展以及保护水源的能力。然而，无论是采取行政命令的方式还是利用市场调节的手段都难以单一完成对水源地补偿的任务，也都忽视了民间力量在完善补偿结构体系和在补充行政与市场补偿方式不足方面的重要性。"饮水思源"，历来是中华民族代代传承的民族精神，在社会主义体制下，更是强调团结友爱、相互帮扶，受益地区民众对水源地的援助不仅可以促进两地民众间的联系与交流，而且也极大地提升了两地民众对水源保护的热情。

民间援助作为水源地补偿体系的有益补充，在补偿过程中，可以通过物资捐助、劳力支援、智力支持、企业帮扶等多种形式来予以帮助，其不仅补偿形式灵活多样，而且补偿时点、补偿时长与补偿力度也有着多样的表现。因此，在完善水源地补偿体系的过程中，需要建立相应的民间援助协调机制，以正确引导和支持民间对水源地援助的顺利开展。

5.5.5　对口支援

实行对口支援是在水源地补偿方式和模式创立方面新的尝试与探索。对口支援机制的建立源于20世纪80年代我国内地省市对口支援边境地区和少数民族地区的经济社会发展，随后又在一些重大建设项目的移民安置与一些重大突发性事件中得到了应用，尤其是在2008年汶川地震灾后重建工作中实施对口支援成果较为显著。对口支援一般是指经济发达或实力较强的一方对经济不发达或实力较弱的一方实施援助的一种政策性行为。目前多采取由中央政府主导，地方政府为主体的支援模式。在水源地补偿中，水源地经济社会发展、公众教育、医疗等方面一般较为落后，实施受水区与水源地间对口支援，不仅可以缓解中央政府纵向财政转移支付的压力，完善地区间横向财政转移支付制度，而且也可以为水源地补偿长效机制的建立做出有益的尝试。建立水源地补偿对口帮扶机制，其目的不是获得单边性援助，而是形成双方对口合作共赢的对口支援持续性模式，受水区通过在资金、实物、项目、产业、教育等方面对口支援水源地，同时也能得到生态效益、经济效益、人力资源等多方面实际效益的回馈，实现双方互利。

　　要实现水源地补偿地区间对口支援模式,关键在于建立合理、高效的组织模式与运行机制。目前我国在水源地补偿方面还未有对口支援的相关法理性支撑以及较为成熟的应用案例,因此需要在借鉴对口支援方式在其他方面应用经验的基础上,充分考虑水源地补偿的复杂性和特殊性,建立一套能够有利于推动水源地补偿工作的对口支援补偿机制。

第6章　南水北调(中线)工程商洛水源地补偿体系内容

水源地补偿机制从核心方面也可称作水资源生态补偿机制,是指为改善、维护和恢复水生态系统服务功能,调整相关利益者因保护或破坏生态环境活动产生的环境利益及其经济利益分配关系,以内化相关活动产生的外部成本为原则的一种具有经济激励特征的制度。本章旨在通过分析补偿的必要性,遵循补偿的原则、划定补偿的范围、明确补偿的主体与客体,分析需要的补偿内容、计算公平的补偿费用,最后提出合适的公共政策支持。

6.1　补偿的必要性分析

必要性分析分别从公共政策、发展受限、水源保护和资源调用四个方面进行论述,以让人们充分了解建立商洛水源地补偿机制的意义。

6.1.1　公共政策允补偿

从国家公共政策上看,补偿机制的建立已经具备了很多先行的条件。《中华人民共和国水法》第五十五条规定:使用水工程供应的水,应当按照国家规定向供水单位缴纳水费。供水价格应当按照补偿成本、合理收益、优质优价、公平负担的原则确定。2005年12月颁布的《国务院关于落实科学发展观加强环境保护的决定》、2006年颁布的《中华人民共和国国民经济和社会发展第十一个五年规划纲要》等关系到我国未来环境与发展方向的纲领性文件都明确提出,要尽快建立生态补偿机制。这些都充分表明,我国目前已经具备建立南水北调(中线)生态补偿机制的政策和实践基础。

6.1.2　发展受限应补偿

商洛地区为了保护供水水源,经济发展受到了很大限制。商洛市对可能影响到水质水量的项目,对环境造成巨大破坏的矿产资源开发,可能造成污染的项目和用水量大的产业都进行了限制或禁止。为了南水北调的水量和水质,水源保护区不得不放弃许多可以发展的机会,而这种放弃却使受水区受益,必然造成水源区和受水区发展机会不均等,这种不均等必然带来人们心理的不平衡。这种水源区和受水区经济利益上的矛盾,极易引发严重的经济、社会问题,这些问题靠权力因素、思想政治工作很难解决,甚至不可能解决,唯有建立补偿机制才能解决。

6.1.3　水源保护需补偿

商洛地区作为南水北调(中线)工程的水源地,为了保证"一江清水供北京"做出了很大的贡献和牺牲。商洛市每年为了治理水土流失,处理生活污水、垃圾等污染源,需投入大量资金,目前捉襟见肘的水环境治理经费远远不能满足需要,由于水资源治理经费不足,将会严重影响到向京津、华北地区的供水质量,南水北调(中线)工程的各项预定目标也将难以实现。另外,由于保护水源,当地村民需要进行生态移民,也要投入大量资金。为了保证保护水源工程的顺利实施,确保"一江清水供北京",需要尽快建立南水北调(中线)商洛水源地补偿机制。

6.1.4 资源调用要补偿

国家的现行行政管理体制赋予地方资源占有、开发、利用和收益的权利,在社会主义市场经济条件下,发达地区经济发展迅速,需要和消耗的资源很多,恰恰落后地区资源丰富,建立补偿机制可以达到双赢的目的。当前,在社会主义市场经济体制下,恢复流域生态与环境,建设京津涵养水源的生态屏障,既不应以牺牲商洛地区人民根本利益为代价,也不应以依赖京津地区的馈赠为寄托,而应遵循社会主义市场经济规律,把水视为资源,作为商品,认真研究水权、水价、水市场,用商品经济观念解译流域生态补偿机制。在中华大地上,各族人民因对当地资源的占有、利用、开发而生生不息。如同榆林因煤而富,延安因油、气而富的道理一样,汉江水资源同样应该是商洛人民幸福的源泉。

6.2 补偿的原则

按照我国"十一五"规划提出的"谁开发谁治理、谁受益谁补偿"的原则,尽快建立水资源生态补偿机制。结合受水区与水源地的经济发展状况采取以下补偿原则:

(1)相互理解支持的原则

南水北调工程是一个涉及受水区与水源地人民的复杂工程,其补偿机制的建立更需要得到双方人民的相互理解。受水区的人民应知道水资源已经包含了水源地人民的劳动价值,理解水源地人民所付出的有价劳动,给予适当的资金补偿;水源地的人民应该保证所输送的水的质量,保证受水区人民能够得到安全、足量的水资源,要求受水区人民给予适当的补偿。补偿内容、方式和费用的确定需要经过双方的友好协商,得到双方的相互支持。

(2)谁受益谁补偿的原则

按照"谁受益谁补偿"的原则,建立生态效益补偿制度。实施水源地保护,水资源的调入区是最大的受益者,水源地人们为了保护水资源的水质水量,一方面为保护生态环境付出了很大代价,另一方面,为了保证水质安全,关停了一系列企业,减少了经济收入,同时限制了一些高额利润企业的发展。

(3)公正、公平原则

社会主义的共同目标是实现共同富裕。水资源生态补偿坚持公正、公平的原则,促使区域经济的共同发展,缩小贫富差距。发达地区经济取得快速的发展,而自然资源比较贫乏;而水源地经济相对发展较慢、贫穷,自然资源比较丰富。所以,在受益区(发达地区)与保护区(贫穷地区)之间应该建立公平、公正的发展空间,实现社会主义的共同目标。

（4）有效性原则

在对待生态补偿问题上，一定要有系统的观念、整体的观点和长远的眼光。补偿的方式一定要受水区和水源地双方经过严格的评审与效益分析，才能实施。某些补偿规划之所以没有被采纳，是因为操作成本过高，从长期来看，甚至影响社会和经济的发展。因此，水资源生态补偿机制要将长期效益和短期效益结合起来，保证补偿的有效性。

（5）内部补偿和外部补偿相结合的原则

内部补偿是指水源地利用资源优势、地区优势，走多种经营的发展路线，自力更生、增强自身经济的造血功能。如利用资源优势发展生态农业、生态旅游业，或者实施劳动力转移战略，在保护生态环境的同时还可以不断增加农民的收入，提高经济补偿能力。外部补偿是指根据资源有偿使用原则，由受益者给予生态保护者、建设者一定的经济补偿，以维持生态建设区的生态功能再生产的正常运行。如提供先进技术、管理经验、投资开发等，促使生态保护区经济得到快速发展、增加农民收入，来激励保护区人们保护生态环境的积极性。

6.3　补偿的总体思路

"思路"，广义上是指人们思考某一问题时思维活动进展的线路或轨迹。从写作意义上来讲，"思路"是作者为了深化和表达其思想认识而遵循的思维活动的线路。"思路"表现在文章中，是作者为表达思想感情进行构思、谋篇布局的思维过程。

"思路"反映在生产实际或实践活动中，是指经过反复思考、分析之后形成并表现在实际中的指向最终目的的思维轨迹。在实践过程中，把握好总体思路就能保证生产实际或实践活动的总体方向不偏离。理清思路，就是要对客观事物加以分析和综合，由此及彼，由表及里，去粗取精，去伪存真，从而形成全面的具有逻辑性的条理清晰的思维结果。

在建立南水北调(中线)商洛水源地补偿机制过程中，应以科学发展观为指导，遵循国家大政方针，依据现行法律法规，紧密结合现实国情，结合当前生态补偿和水源地补偿客观现实，借鉴国内外水资源生态补偿的先进经验和做法，从南水北调工程对商洛水源地的影响及其自身发展实际出发，制定出补偿机制。

总体思路是：划分补偿范围，确定补偿的主体与客体(对象)；研究适合商洛水源地现状的补偿内容，包括水源地保护补偿、扶贫开发项目补偿、产业结构调整补偿和民众生活水平提升补偿；测算水源地补偿费用，从补偿内容的四个方面去计算；制定有效的公共政策，包括公共财政政策，税费和专项基金政策，税收优惠、扶贫与发展援助政策和经济合作政策；建立高效的管理体制，包括商洛水源地协调管理办公室和信息化平台；实施完善的效益评价及保障措施。

6.4　补偿的范围

根据《丹江口库区及上游水污染防治和水土保持规划》，商洛市 6 县 1 区全部在水源地补偿范围内(见图 6-1)。在流域水质规划中，将商洛市全市划分为水质影响控制区；在流域水土保持规划中,将洛南、商州、丹凤、山阳、商南 5 县区划为重点治理区,镇安和柞水为重点预防保护区。

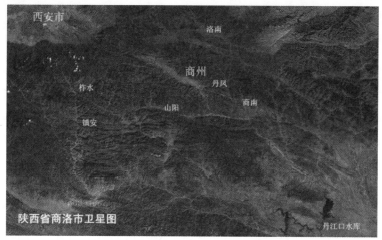

图 6-1　商洛水源地补偿规划范围

6.5　补偿的主体

水资源生态补偿主体是指依照生态补偿法律规定有补偿权利能力和行为能力,负有生态环境和自然资源保护职责或义务,且依照法律规定或合同约定应当向他人提供生态补偿费用、技术、物质甚至劳动服务的政府、社会组织、国际组织和公民个人。

（1）政府

政府是实施水资源生态补偿的经常主体,这主要是由两个方面决定的:一是国家的职能。国家代表所有人的利益,担负着统治和社会公共管理等职责,国家通过制定法律,对生态环境和自然资源进行管理与配置。政府作为国家的执行机关,有职权依照法律的规定实施相应的补偿行为。二是生态环境和自然资源的特有属性。生态环境和部分资源的产权鉴定成本太高,特别是水资源,其一般作为公共物品或公共资源而存在,只适宜以政府为主体进行养护。少部分自然资源产权鉴定相对较容易,如森林资源和土地资源。不过,由于外部性,即使这样的产权也无法鉴定得十分清晰,而且自然资源兼具经济价值和生态价值,经济价值与生态价值在当前的使用中常呈负相关关系,至于何种价值应优先考虑,以实现社会效应的最大化,是十分棘手的,有赖于政府的统筹规划和安排。

（2）社会组织

社会组织作为一类补偿主体主要有两种类别:一是受益企业组织,包括法人型和非法人型组织。企业组织作为水资源生态补偿的主体,是因为企业从事生产经营活动几乎都要涉及自然资源的利用和实施有害于生态环境的行为,是导致生态环境问题的主要"肇事者",也是环境资源的一大受益者,本着"谁破坏谁恢复"、"谁污染谁治理"、"谁受益谁付费"的原则,企业也应当是主要责任的承担者。由企业向自然资源的保护者或生态环境服务的提供者支付相应的费用,避免企业把本应自己承担的资源成本转嫁给社会,或者利用生态环境的外部经济性"搭便车"降低生产成本,从而实现企业外部性的内部化。补偿费用为企业收入的一部分,最终纳入企业的生产成本核算,也是国家生态补偿基金的主要来源,是生态补偿的重要直接主体之一。二是其他社会组织,主要指非营利性组织。即一些社会成员出于自身的政治目的、宗教信仰、个人伦理道德修养或对公益事业的关心和热爱而自发组织起来的社会团体,其活动有可能对生态环境产生负面影响,因此也应当承担相当的利偿责任,其经费来源主要是自筹和募捐所得,一般不是生态补偿的经常主体。

(3)国际组织

随着全球一体化的加快,"市场失灵"已不是一国的问题,加上全球生态环境的一体性,生态环境问题的解决已经不是一国之力所能及,所有国家必须携手合作才能应对目前的生态环境危机。而对于当前的生态环境危机,发达国家难辞其咎,发达国家应当担当起主要的责任,不仅自己应当解决好国内生态环境问题,还应向发展中国家提供与其经济能力相适应的资金和技术援助。正是在这个层面上,我们说外国政府也是生态补偿的主体,这方面已经取得一定成果。如在 1992 年召开的联合国环境与发展大会上,通过与会国的认真谈判,在达成的协议《21 世纪议程》中规定:发达国家每年拿出其国内生产总值的 0.7% 用于官方发展援助。尽管执行得并不尽如人意,但毕竟有了很大进步。这也是公平原则的表现。

(4)公民个人

公民个人作为水资源生态补偿主体,主要是作为生态环境的占用者和自然资源的享用者,表现在其个人生活、家庭生活和从事个体经营活动中产生的外部不经济性行为。如个体或家庭生活所需的生活用水、个体工商户所需用水等,应当缴纳相应的水资源费。由于南水北调影响的地区广泛、人口稠密,所以公民也成为重要的直接补偿主体之一。

确定谁补偿谁的首要任务是要明确产权的主体。在产权没有明确界定的情况下,生态服务供需双方责任权利边界不甚清楚,无法确定谁的行为妨碍了谁,谁应该受到限制,也就不能做出谁补偿谁的判定。

6.6　补偿的客体

水资源生态补偿的对象是指因向社会提供生态服务、提供生态产品、从事生态环境建设、使用绿色环保技术或者因生活地、工作地或财产位于特定生态功能区或经济开发区域而使正常的生活工作条件或者财产利用、经济发展受到不利影响,依照法律规定或合同约定应当得到物质、技术、资金补偿或税收优惠等的社会组织、地区和个人。主要有以下几类:

(1)水源区内的地方政府和居民

水生态功能区是对水生态环境保护具有重要意义的地理单元。在该区域范围内,经济建设要让位于水生态环境保护,水生态环境保护的标准往往高于非功能区或有特殊要求,特别是工业企业设立的生态环境准入门槛高,自然资源的开发受到限制甚至禁止开发。如三江源自然保护区,为保护三江河水免受污染、避免源头水土流失的发生和保护野生动物,这里几乎停止了一切开发和利用。再比如西南林区,为保护这里的森林资源,原为林区主要产业的森林加工业的发展受到严格限制,而且原有企业多数被强行要求

"关"、"停"或"转"。这样一来,显然不利于区域内经济的发展,地方政府财政收入大大减少,严重影响地方教育、医疗、交通和其他公益事业的发展,居民就业择业也因此而受影响,生活水平无疑会降低。对此,有关政府应该给该区域范围内的地方政府和居民相应的资金、优惠政策、技术等补偿,对他们因此而丧失的发展机会给予弥补。

(2)生态环境建设者

依法从事生态环境建设的单位和个人应当得到相应的经济或实物补偿,如我国 1978年开始的"三北"防护林体系工程建设,工程建设范围包括我国东北、华北、西北地区的 13个省(区、市)的 551 个县(旗、区、市),总面积 406.9 万 km²,占我国陆地总面积的42.4%,被誉为"世界生态工程之最",预计到 2050 年结束,共需造林 3 560 万 km²,目标是使"三北"地区的森林覆盖率由 5.05% 提高到 14.95%,土地沙漠化得到有效治理,水土流失得到基本控制,生态状况和人民生产生活条件得到极大改善。该项工程浩大,牵涉地区和人员众多,不论是工程前期建设还是后期管护,不论是单位还是个人,至少对他们的付出应给予等价补偿。

(3)特殊工业园区或经济开发区内的单位和个人

位于特殊工业园区或经济开发区内的单位和个人主要是因工业和经济的发展而受到潜在或实质性危害,政府或有关单位应当给予他们一定的补偿。如某些新开发工业园区内的原居民和单位,因规划,大量工业企业迁入而导致周边生产生活环境变差、生活质量下降等情况的发生,应该得到补偿。

(4)教育培训机构和人员

为提高生态环境和自然资源保护及利用水平而进行相关研究、教育培训的单位和个人,也应该得到补偿。就南水北调(中线)工程来说,水资源生态补偿客体(对象)主要为水源地生态环境的保护与建设者。调水区实施各项水源保护措施,为保障受水区水资源的持续利用,在人力、物力、财力上投入了大量精力,甚至以牺牲当地的经济发展为代价。因此,受水区和国家对为保护调水资源的持续利用做出贡献的调水地区,理应负起补偿的责任。

6.7　补偿的内容

补偿的内容分别从水源地保护补偿、扶贫开发项目补偿、产业结构调整补偿和民众生活水平提升补偿四个方面进行描述,目的在于全面系统地介绍水源地所需补偿的内容。

6.7.1　水源地保护补偿

水源地保护补偿分为生态屏障涵养水源保护补偿、防污综合治理补偿、生态环境建设补偿和宣传教育补偿。

6.7.1.1　生态屏障涵养水源保护补偿

商洛既是南水北调的水源涵养区,又是生态较脆弱的地区。所以,生态屏障涵养水源保护补偿有着极为重要的作用。针对商洛水源地,在生态屏障涵养水源保护方面需要得到以下补偿:

（1）用于水土流失治理的补偿

商洛市的水土流失治理资金严重不足，实践表明，商洛市标准治理每平方千米流失面积需 50 万元以上，而目前国家列入的重点项目每平方千米投资只有 6 万～10 万元，不足部分全凭当地群众义务投工和集资，面上治理则全靠群众投入。商洛是全国集中连片的贫困地区之一，群众贫困，地方财政困难，2003 年全市地方财政收入只有 2.93 亿元，而地方财政支出高达 11.98 亿元，地方财政根本无力拿出资金治理水土流失。一方面，由于投入不足，大多数治理标准较低，保存率低；另一方面却是大面积的水土流失需要治理，且作为南水北调的水源地，水土保持工作显得尤为重要。

（2）用于退耕护林中农民生活保障的补偿

全市退耕还林农民人均耕地 1.16 亩，人均粮食年产量 285 kg，退耕还林工程区人均基本口粮田 0.64 亩。按年人均口粮 400 kg 的标准计算，全市退耕还林农民年人均缺粮 115 kg。尤其是居住在偏远高寒山区的退耕还林农民口粮更少。迫切需要加大资金扶持力度，保证退耕还林农户当前的粮食需要。

（3）用于贫困偏远山区退耕还林户异地移民搬迁的补偿

商洛市自然条件差，有相当数量的退耕还林户一直居住在偏远高寒、生态区位重要的深山区，这是他们长期贫困，又无法从根本上脱贫的重要原因，只有实施移民搬迁才是从根本上解决他们贫困问题的有效途径。需要进一步加强对退耕还林户尤其是居住在偏远高寒、生态区位重要地区的退耕还林户移民搬迁的资金投入，解决他们的基本生活问题。由于退耕还林搬迁居民都处于贫困地区，所以将在扶贫移民工程补偿中详细介绍。

（4）用于森林防火、森林病虫害防治的补偿

经过几年的有害生物普查，商洛市有害生物的种类多，危害严重。板栗疫病在商洛市的局部地方发生严重，以板栗、核桃为主的经济林木病虫害在全市各地均有发生，尤其是栗实象、雪片象、核桃黑斑病、举肢蛾造成板栗、核桃减产 15% 左右，果品质量下降。华山松、马尾松疱锈病、松阿扁叶蜂、华山松大小蠹等病虫害在境内不同程度发生危害。森林防火问题更是不容忽视。

（5）用于优良种苗的开发与推广的补偿

虽然商洛市从 20 世纪 90 年代后期就开始了引进核桃、板栗等的优良品种，进行丰产建园，至 2006 年底，退耕还林新栽植核桃 31 万亩、板栗 40.2 万亩，但良种核桃栽培面积仅占总面积的 1/5，板栗不足 40%。由于良种化、集约化经营程度低，管理粗放、单产低、品质差，产量低且不稳，在国内、国际市场上缺乏竞争力，因此急需通过引进优良品种，对原生低产树种嫁接改造，提高产量、质量和效益。

6.7.1.2　防污综合治理补偿

为真正确保实现"一江清水供北京"的目标，针对商洛水源地，在防污综合治理方面需要得到以下补偿：

（1）用于流域环保基础设施建设的补偿

在丹江出境断面建设 4 个（丹江、金钱河、旬河、乾佑河）水质自动监测站，以确保和监督商洛市境内的水质安全达标。抓好城市污水管网、污水处理厂、垃圾处理厂的建设，以及汉、丹江水污染防治，加快丹江流域环保基础设施建设迫在眉睫。建议加大对汉、丹

江流域城镇,特别是商州、丹凤、商南、山阳、镇安、柞水等县区的垃圾、污水处理设施建设,根治区域性、流域性污染,确保国家南水北调(中线)工程水质安全。

(2)用于环境执法队伍建设的补偿

商洛市境内的水源区共有 6 县 1 区,有环保人员 150 余人,7 个行政管理机构、7 个环境监察机构和 4 个环境监测机构。市环境监察支队无办公用房,市环境监测站设备陈旧、老化,县区局车辆陈旧,大多县无监督检查车辆,缺乏必要的执法取证设备,6 县 1 区无监测设备,市县区监测站更无事故、应急监测和防护设备,难以承担对水源区内环境的监督和监管。为此,需要国家和对口部门在环保队伍的人员编制与培训,交通、通信、监督和监测设备的配备、更新等方面给予扶持和保障。

(3)用于水源保护区综合整治工程建设的补偿

水源保护区综合整治工程,是通过对保护区内现有点源、面源、内源、线源等各类污染源采取综合治理措施,对直接进入保护区的污染源采取分流、截污及入河、入渗控制等工程措施,阻隔污染物直接进入水源地水体,包括保护区隔离,标界、标识牌设立,垃圾卫生填埋处理工程等。

6.7.1.3　生态环境建设补偿

为切实改善水源地的生态环境,针对商洛水源地,在生态环境建设方面需要得到以下补偿:

(1)用于生态环境恢复建设及配套措施的补偿

生态系统恢复与重建是根据生态学原理,通过一定的生物、生态以及工程的技术与方法,人为地改变和消除生态系统退化的主导因子或过程,调整、配置和优化系统内部及其与外界的物质、能量和信息流动过程及其时空秩序,使生态系统的结构、功能和生态学潜力尽快地恢复到正常的或原有的乃至更高的水平。根据生态系统退化的不同程度和类型,可以采取恢复、重建和保护三种不同的形式。

为保护生态建设成果,以转变和优化当地群众的生产生活方式为主,让农民在生态产业中就业。通过财政补贴形式每年发给养殖户一定数量的资金,引导农民放弃粗放式养殖业,转向以护林防火防盗伐为主的生态保护职业。另外,在生活方式上,给予沼气、液化气、用电方面的资金补贴,使农民大量减少乃至杜绝薪炭砍伐,达到保护生态的目的。

(2)用于建设水源保护区"绿色水源"工程的补偿

"绿色水源"是对供水水源的安全性表述,反映的是水源地有着良好的生态环境屏障,能够为城市发展提供可持续、足量、优质的水资源。"绿色水源"工程,旨在通过工程措施和非工程措施形成城市供水绿色水源系统要素集合体。本项措施是在治理水土流失的同时,对南水北调水源区的重点水库和河流实施"绿色水源"工程。"绿色水源"是供水工程要达到的新境界,要坚持生态优先和人与自然和谐的原则,在治理水土流失、绿化、美化环境,提高生态质量和环境品位的基础上,结合农村产业结构调整,在达到保护水源的同时,保证流域粮食安全、水环境安全、景观协调,以促进流域经济社会稳定持续发展。

6.7.1.4　宣传教育补偿

为使水源地保护工作达到更好的效果,针对商洛水源地,在宣传教育方面需要得到以下补偿:

（1）用于宣传教育设施建设的补偿

为达到理想的宣传效果,需在商洛建立一些固定的宣传教育场所,这些固定的场所可以是广场、馆厅等地方。在此,建议建设饮水思源广场,它应是受水区政府所做的福利性市政项目,旨在感谢水源地人民所做的贡献,同时也可达到让人们了解南水北调工程,了解受水区的发展及其对水源地所做的工作。可以说,饮水思源广场是受水区与水源区沟通最直接的桥梁,同时也可作为宣传教育活动的固定地点。配合饮水思源广场的建设还可建立南水北调工程宣传教育馆,让人们从科学的角度去认识南水北调工程。

（2）用于水源地宣传教育活动的实施的补偿

节水、爱水道德建设是水源地发展的重点、核心和灵魂,加强节水、爱水道德建设,对建设商洛水源地,保证南水北调工程的水质和水量有着重要的意义。水源地宣传教育活动包括为增强人们保护水源地生态环境意识所做的宣传、教育活动,包括标语、横幅、传单的宣传,举办水源地生态保护知识竞赛,举办大型科普宣传活动等。

（3）用于开展科学研究工作的补偿

以南水北调(中线)工程作为友谊桥梁将输水区和受水区紧密联系起来,构建对口支援和合作开发机制,引导京津地区加强对商洛水源地在技术层面的交流、协作和帮扶。商洛水源地发展滞后,工农业发展等众多方面迫切需要新技术、新科技的支持。例如,为改善生态环境保证供水的水质和水量,商洛市政府在水污染防治方面做了大量工作,但目前其污水处理技术应用较为落后,需要得到京津发达地区的帮助;再如,在农业方面大力推广沼气,据调查,截至 2006 年 12 月底,全市 7 个县(区)163 个乡(镇、办事处)1 813 个村(社区)55.6 万农户中,已建沼气池 3.3 万个。但是全市仅有沼气建池模具 271 套,难以适应农户用沼气的需要,缺乏必要的服务设施和装备,沼气建设和运行缺少专业技术人员的指导及服务。商洛水源地在农村能源建设方面缺乏先进技术及专业人才,需要得到受水区人民的人才智力和科技支持。

6.7.2 扶贫开发项目补偿

扶贫开发项目补偿分为生态移民补偿、农村劳动力转移补偿、教育培训发展补偿。

6.7.2.1 生态移民补偿

为最大限度地降低人为对自然的破坏,改善山区人民的生活水平,针对商洛水源地,在生态移民方面需要得到以下补偿:

（1）用于移民安置规划的补偿

移民安置规划的编制应全面地调查和充分地分析安置区的环境容量、土地承载环境容量、搬迁安置条件等,达到切实改变人民生活水平和保护水源地的目的。商洛市从 1999 年大面积实施退耕还林工程以来,搬迁群众生存环境得到显著改善,当地农村农业生产条件得到有效改善,迁出地生态环境得到逐步恢复,搬迁群众收入稳步增长,取得了显著的经济效益、社会效益、生态效益。但由于商洛市自然条件差,目前,还有 25 万人需要实施生态移民搬迁才能从根本上彻底改变这些人的生存、生活、生产问题。因而,实施生态移民搬迁是保护南水北调水源的有效途径,它将对保证南水北调工程的水质和水量起到积极的促进作用。

(2)用于移民安置的补偿

移民安置形式主要包括:①相对集中安置,建设移民新村。②插花分散安置,将部分迁移户安置在自然条件较好的村庄。③投亲靠友安置。由搬迁户自己联系、自己选址,扶贫局审查确认。受水区可以根据实际情况对水源地生态移民进行资金上的补偿,也可以对口安置,在当地选择经济条件较好、交通便利、可开发资源充足且环境容量相对宽裕的地方,实行异地远迁安置,使移民到一个全新的环境中生活。

(3)用于迁入地基础设施建设的补偿

结合新农村建设,以基本口粮田、道路、通信、供电、人畜饮水等配套工程建设为重点,对迁入地进行综合治理,使搬迁户人均基本口粮田达到1亩以上,安置点公路通达率达到100%,农电入户率达到100%,广播电视覆盖率和有线电视入户率分别达到100%和40%,移动电话信号覆盖率达到100%,搬迁户电话入户率达到30部/百户,15%以上的搬迁户用上宽带网络,95%以上的搬迁户用上安全、卫生的自来水。京津地区可以派专家来商洛地区实地指导,进行设备和技术上的扶持。

(4)用于移民扶贫援助的补偿

商洛水源地移民因地处山区普遍存在生活贫困、收入水平偏低等问题,这个问题解决不好,不仅严重制约移民经济的发展,还会影响商洛社会的稳定。在移民安置时,就应该把扶贫纳入规划,在政策中明确移民安置规划和扶贫计划;改变现行的移民安置做法,把移民扶贫目标作为移民安置目标之一纳入规划中;在移民安置资金筹集中,把移民项目与扶贫项目紧密结合在一起,建设高标准的移民项目,发挥资金的规模效应。

坚持把移民后期扶持资金与扶贫、退耕还林、民政低保、财政转移支付以及税费改革等政策配套使用。同时,建立移民参与机制和沟通对话机制,实施人文关怀,有利于减轻移民心理压力,提高移民安置成功率和使移民脱贫致富。

6.7.2.2 农村劳动力转移补偿

为改善水源地人民的生活水平,减少因保护水源地对当地劳动力的影响,针对商洛水源地,在农村劳动力转移方面需要得到以下补偿:

(1)用于技能培训基地建设的补偿

商洛市培训机构如下:职教中心各县区1所,民办职业技术学校3所。培训机构少,实力弱,开设的培训专业十分有限,很多劳务市场看好、需求量大的专业无法开设。培训专业开设不齐,与市场对接能力差,一定程度上影响了劳动力的培训积极性;培训时间短,培训内容针对性不强,与市场需求脱节;培训时间多以短期和初级工为主,受训人员很难掌握一定的技能专业。

作为输水区,对农村劳动力培训工作,要坚持"市场引导培训、培训促进就业"的原则,分类培训,分级负责,形式多样,注重实效;要采取政府部门和社会力量办学相结合的方式,举办各种类型的实用技术培训班,依托劳动、农业、教育等职能部门建立常年性、专业性职业学校或培训中心,组织订单培训,形成以技术培训为重点,职业培训和扩大就业相结合的培训模式,以提高培训的针对性,增强就业竞争能力,提高劳务收益。作为受水区一方,应该将商洛市作为企事业单位招工基地,有计划、有组织地对商洛地区外出劳务人员进行定向培训,提供与市场需求同步的新技能培训并且优先考虑聘用商洛水源地的外出务工人员。

(2)用于劳动力资源信息库和市场用工需求信息库建设的补偿

一是要求各级有关部门澄清当地人口中符合劳务输出条件的劳动力底数、劳务输出现状、输出人员去向、就业工种、收入情况等,建立劳务输出月报或季报制度,搞好就业动态分析,及时掌握全面情况;二是加强与受水区劳动部门的联系,搜集京津等地区市场用工信息,输水区与受水区积极开展劳务洽谈活动,为商洛水源地剩余劳动力联系出路,提供信息;三是逐步建立和完善省、市、县、乡四级一体的劳动力市场信息网络,建立信息化平台,及时准确地为水源地剩余劳动力提供劳务供求信息,努力提高劳务技能培训和输出工作的质量与效率。

(3)用于建立健全中介及维权机构的补偿

凡承担培训任务的培训机构,都要努力扩大订单培训规模,积极与用人单位签订协议,按照先有用工意向协议然后培训的原则,确定相应的培训专业,做到培训有方向、学成能用上。学员培训后由培训机构直接送用工单位务工。同时与工会组织做好协调工作,在外出务工维权方面多下功夫,切实维护务工者的利益。

(4)用于为农民外出务工提供必要的后勤保障的补偿

跟踪服务,加强管理,维权保护,为商洛水源地农民外出务工提供必要的后勤保障。引导各县区在对农民进行有效培训和输出就业的基础上,进一步为外出务工农民提供维权、再就业、子女入学、计划生育管理等"一条龙"式的跟踪服务。要通过建立维权中心等服务机构,强化服务手段,解除外出务工农民的后顾之忧,努力做到"培训一人,脱贫一户,输出一批,稳定一方"。

6.7.2.3　教育培训发展补偿

为从根本上提高水源地自身发展的能力,达到"造血"补偿的效果,针对商洛水源地,在教育培训发展方面需要得到以下补偿:

(1)用于教育事业发展的补偿

为了我国可持续发展战略的实施和南水北调工程充分实现其价值,从长远利益考虑有需要且有必要培养专业的南水北调水利工程管理人才。商洛作为水源地,可在商洛学院开设水保(水利)系,由受水区高校给予人才智力支持,例如选派优秀教师来商洛执教、将商洛人才送入输水区各大院校进修及培训等,共同培养出南水北调工程及其补偿工程的专业技术及管理人才。

(2)用于移民教育培训的补偿

由于商洛水源地移民生活条件艰苦,普遍受教育程度低,因此提高其文化素质、对其进行职业技能培训是摆脱就业困难及实现脱贫致富的有效途径。在职业技能培训中,要注重整合培训资源,充分发挥农业、劳动、扶贫、建设、旅游、教育等行业或部门的资源优势,输水区与受水区共同参与移民培训工作。坚持培训与就业结合,京津地区高职院校优先考虑录取移民子女进行职业技能培训,同时承担就业推介任务,培训单位为受训移民就业牵线搭桥,签订劳务输出订单,适时发布用工信息,积极推介就业,在移民与受水区企业之间搭起一座就业之桥。在受水区的帮助下创新培训机制,发展紧贴市场需求的特色专业,开展"菜单"教学、"订单"培训、"定向"就业,做到以培训促就业,以就业带动培训,争取培训一个就业一个,提高培训实效。

(3)用于农业教育培训的补偿

为适应农村劳动力转移就业的需要,应大力开展职业技能培训,增强农民转产转岗就业的能力。推行职业资格证书制度,到2020年,使60%以上的农村初高中毕业生获得职业资格证书。以专业技能资格证书为载体,对农民进行周期性的系统培训,培养造就一批有一技之长的"土专家"、"田秀才"。使80%的农业劳动力掌握一两项农业实用技术(《商洛市推进社会主义新农村建设规划纲要》)。京津地区可以派出专家、学者莅临指导,选派科技志愿者,到当地企业、事业单位和农村担任技术顾问,推广应用新技术、新成果、新工艺,提高工农业生产的科技含量。

(4)用于区域人才交流的补偿

受水区在商洛开展智力服务,提供无偿技术咨询和指导,培养(训)商洛地区技术人才和管理人才,同时受水区接纳水源地的各类人才进行学习、深造,提高水源地生产者的技能、技术含量和管理组织水平。

6.7.3 产业结构调整补偿

产业结构调整补偿分为矿产资源开发利用补偿、工业发展水平提升补偿、特色产业发展补偿和节水项目补偿。

6.7.3.1 矿产资源开发利用补偿

为减小矿产开发对水源地生态环境造成的破坏,针对商洛水源地,在矿产资源开发利用方面需要得到以下补偿:

(1)用于实施矿山绿色开采的补偿

依据《中华人民共和国水土保持法》,企业、事业单位在建设和生产过程中必须采取水土保持措施,对造成的水土流失负责治理。《中共中央国务院关于推进社会主义新农村建设的若干意见》也明确提出:建立和完善水电、采矿等企业的环境恢复治理责任机制,从水电、矿产等资源的开发收益中,安排一定的资金用于企业所在地环境的恢复治理,防治水土流失。为确保恢复治理的落实,建议建立和执行矿山绿色开采保证金制度和资源税费制度,同时配套资金进行技术升级的补助和贷款。

(2)用于矿产资源开发防污治理的补偿

商洛中小型企业的技术装备水平多数比较落后,只贪图个人利益,严重污染了水体资源,比如商洛钒污染事件。受水区可从技术、人才和资金等多方面帮助商洛政府治理和修复污染及其造成的破坏。

6.7.3.2 工业发展水平提升补偿

为迅速提高水源地工业水平,针对商洛水源地,在工业发展水平提升方面需要得到以下补偿:

(1)用于建设高水平工业区的补偿

工业水平的提高对城市的发展起着巨大的作用,商洛市为保护水源放弃了许多发展工业的机会,但是作为一个城市需要且必须进行工业产业化发展。为此,近几年在保护水源和工业发展共同的要求下,商洛市计划了多个高水平的工业园区,目的在于保护水源地的同时改善人民的生活水平。因此,作为全市7县区都为国家级贫困县的地区,前期土地征用、基础设施工作以及建成后工业园区招商引资工作都需要受水区进行补偿。

(2)用于引进高起点的工业项目的补偿

在工业区进行科学的规划,把一批资金规模大、技术含量高、产业带动力强、资源集约利用的大企业、大项目落户工业园区,起到快速推动商洛经济发展的作用。这些资金规模大、技术含量高、产业带动力强、资源集约利用的大企业需要受水区出台相应的政策,鼓励当地符合条件的企业积极地参与到水源地工业建设发展的队伍中来,为水源地工业发展做出一定的补偿。

(3)用于工业科技人才培养与引进的补偿

南水北调(中线)工程水源地商洛是我国一个集中连片的贫困山区,经济基础薄弱,发展相对滞后,工业产业结构不合理,经济增长方式粗放,在发展中有大量的工业"三废"排放,矿产、化工、制药等污水排放直接威胁着受水区人民的饮水安全。据调查,全市每年废水排放1 949万t,其中工业废水排放758万t,城市生活废水排放1 191万t。商洛水源地在水污染防治方面做了大量的工作,政府部门"商丹循环工作经济圈"的提出,就是为了贯彻落实科学发展观,要通过大胆创新的办法,调整产业结构,积极探索和努力寻求既保证受水区人民饮水安全和商洛市人民生命安全,又加快本地资源开发、促进经济快速发展的现实途径,实现可持续发展。因此,迫切需要得到受水区人民的人才智力和科技支持。经济发达的受益区应选派科技志愿者,到企业和事业单位担任技术顾问,推广应用新技术、新成果、新工艺,提高工业生产的科技含量。

6.7.3.3　特色产业发展补偿

为提高特色产业的实力,针对商洛水源地,在特色产业发展方面需要得到以下补偿:

(1)用于发展特色产业的补偿

商洛地处秦岭腹地,属暖温带向北亚热带的过渡带,境内沟壑纵横,河溪交织,山峦叠嶂。政府可以对25°以上陡坡地实施退耕还林,栽植油松、刺梅、茶叶、核桃、板栗、杜仲等水保林和经济林,保持水土,调节气候,构建生态屏障;对25°以下旱塬坡地实施坡改梯,修砌石坎、生态田埂,保土保肥。在大力实施整坡建园中,还应根据条件发展农业养殖、商药深加工、生态环保旅游、绿色食品输出等多种特色产业。但是这些"造血"补偿的实现,需要在前期进行大量的基础设施建设投资,这部分资金需要受水区的支持。

(2)用于农特产品营销的补偿

对商洛的特色农副产品实行订单生产,不压质、不压价,给农民以实惠。扶持商洛兴建特色农副产品加工产业,对农副产品进行深加工,保收购,促增值,使广大农民增产增收,加快脱贫致富奔小康的进程。

(3)用于扶持小型产业化项目的补偿

鉴于商洛当地的实际情况,50万元以下的小型产业化项目有群众基础,扶持快、效益明显,京津地区可以重点扶持当地有发展潜力的小型农业产业发展,给予技术和资金上的支持,增强产业发展的示范带动效应,以提高农业综合开发的工程使用效率和投资效益。

(4)用于建立区域协作机制的补偿

加强同京津地区高等院校和科研院所的科技协作,加快现代科技成果的转化应用和新产品的开发步伐。立足科技,引进人才,提升特色产业示范区的科技实力和市场竞争力,为将来的发展提供坚实的科技支撑。

6.7.3.4　节水项目补偿

为保证水源地水量的长期供需平衡,针对商洛水源地,在节水项目方面需要得到以下补偿:

(1)用于农业节水项目的补偿

实施灌区渠道防渗工程和管道化灌溉工程,加快骨干渠道及相应渠系建筑物、骨干排灌泵站配套改造和田间灌溉配套工程建设,提高灌溉水利用系数。加强渠首工程的配套、维修及渠系建筑物的配套工作,根据实际采用各类渠道防渗技术,更新改造渠系建筑物,减少渗漏水损失。进行中小型泵站改造,提高泵站效率,加强灌排渠系建筑物与田间建筑物的配套改造。发展管道输水技术,组织创建节水型灌区。配合农业产业结构调整,推广渠道防渗和田间节水措施,积极发展高新节水技术,大力推广耐旱作物品种。

(2)用于工业节水项目的补偿

结合产业结构调整规划及水中长期供求计划,通过区域用水总量控制、取水许可审批、用水计划考核等措施,对水资源进行优化配置,引导工业布局向合理的方向发展。发展和应用工业用水重复利用、冷却节水、热力和工艺系统节水、洗涤节水等技术,并配套完善相应设施。开发和推广低耗水的生产工艺,降低水耗,加快淘汰落后的高耗水工艺、设备和产品,以提高工业用水的重复利用率。按照《中华人民共和国清洁生产法》的要求,加大推进企业清洁生产的力度,实施循环经济,对水质要求不是很高的行业,应加大中水资源的利用率,将节约用水和减少排污作为清洁生产的重要内容,把工业节水与废水排放指标列入清洁生产审核验收标准,提高循环冷却水、工艺水的重复利用率。

(3)用于生活节水项目的补偿

在全面普查的基础上对供水管网进行改造,降低城镇供水管网漏损率,推广管网检漏防渗技术,加大新型防漏、防爆、防污染管材的推广力度,逐步淘汰高漏损供水管,完成对供水管网的全面普查,建立完备的供水管网技术档案,制订管网改造计划,完善用水计量设施。逐步更换不符合国家标准的用水器具,限制非节水型生活用水器具的销售;城市所有新建、改建和扩建的公共和民用建筑,必须采用符合节水标准的用水器具,推动节水型小区建设。

6.7.4　民众生活水平提升补偿

民众生活水平提升补偿分为低于社会平均发展水平补偿、发展民众增收项目补偿和基础设施建设项目补偿。

6.7.4.1　低于社会平均发展水平补偿

为让人民生活水平达到平衡,针对商洛水源地,在低于社会平均发展水平方面需要得到以下补偿:

(1)用于对农业人口的补偿

为保护水源,商洛市失去了很多发展的机会,影响到了人民的收入,特别是农业人口的收入。而在这个农业人口(204 万人,2007 年)占总人口 85% 的地区,农业人口的收入恰恰是影响整个城市发展的最重要因素。从统计数据来看,2007 年商洛市农民人均年收入为 1 850 元,与陕西省农民人均收入 2 645 元相比相差 795 元,与全国农民人均收入 4 140 元相比更是相差 2 290 元之多。对于商洛市这样一个所辖 6 县 1 区均为国家级贫困县(区)的城市,对农业人口直接的资金补偿显得尤为重要。这些补偿资金的到位,不仅可以保证人民的基本生活,还可以为农民的"造血"式发展提供机会。

(2)用于对城镇人口的补偿

水源地的保护,加快了商洛地区的产业化结构的调整,提高了企业发展的门槛,所以从一定程度上影响了城市工业发展的速度。对于商洛这样一个工业发展落后的城市,城镇人口的增收需要新的企业来给他们更多的发展机会。针对城镇人口收入低于社会平均发展水平的现状,给出企业提供发展机会的补偿和在工资中直接经济补偿两种方式。

6.7.4.2 发展民众增收项目补偿

为了让民众更快地脱离贫困的状况,早日达到小康生活水平,针对商洛水源地,在发展民众增收项目方面需要得到以下补偿:

(1)用于发展生态旅游项目的补偿

以创建生态文明村为载体,以旅游扶贫为手段,将优美的自然环境、绿色生态经济、生态旅游、生态文明与生态文化导入广大乡村区域,以此达到增收的目的。尤其在旅游资源丰富或比较丰富的贫困地区,在进行生态文明村建设过程中,加大对旅游资源保护性的开发利用,大力发展乡村旅游业,并以此带动和促进乡村相关产业的发展,从而增强贫困乡村自我发展能力,以此达到摆脱贫困的目的。《商洛市旅游发展总体规划》提出了"以秦岭山地旅游为依托,以大西安都市圈为重点,融合秦楚文化,大力发展山地旅游产品体系,建设中国秦岭山地旅游目的地"的总体目标。规划区间上限为 2008 年,下限到 2020 年,涉及全市 6 县 1 区,总面积 1.92 万 km²,包括 100 个旅游发展项目。

(2)用于开展科技富民工程的补偿

以科技为依托,大力发展优质高效农业,切实达到民众增收的目标。科技富民工程是一个系统性的工程,它包括农业科技示范区建设工程、农村实用人才科技培训工程、农业科技创新体系建设工程和农产品深加工工程等。以"农业结构调优,农产品调好,竞争力调强,农民收入调高"为思路,科学展开富民工程,深化农村科学技术改革,促进农业增效、农民增收、农村稳定,最终达到推动商洛市经济社会的整体发展。

6.7.4.3 基础设施建设项目补偿

为提高商洛地区基础设施建设水平,针对商洛水源地,在基础设施建设项目方面需要得到以下补偿:

(1)用于农业基础设施建设的补偿

为发展现代农业,推进社会主义新农村建设,农业基础设施建设分为以下三类:①农村道路工程。京津地区帮助商洛地区新建改造通乡公路、通村公路,争取实现乡乡通油路、村村通水泥路。②农村电网改造工程。京津地区提供帮助,实现农民人均达到 1 亩基本农田,户均 1 亩水浇地,行政村基本实现通村公路油路化或砂石化、通组公路砂石化,人饮问题得到解决,农电入户率、电话通村率均达到 100%,广播、电视覆盖率达到 96% 和 97%(《商洛市"十一五"农村扶贫开发规划》)。③人居环境工程。以实施"一池四改六清五化"村庄环境治理为主要内容,京津地区帮助商洛地区重点解决村镇道路、供排水、乱占乱建和环境卫生脏乱差问题。

通过实施以上工程,使农村基础设施和公共事业发展滞后的面貌有明显改善。

(2)用于能源基础设施科技开发的补偿

以南水北调(中线)工程作为友谊桥梁将输水区和受水区紧密联系,构建对口支援和合作开发机制,引导京津地区加强对商洛水源地在技术层面的交流、协作和帮扶。商洛水源地发展滞后,工农业发展等众多方面迫切需要新技术、新科技的支持。例如,为改善生态环境,保证供水的水质和水量,商洛市政府在水污染防治方面做了大量工作,但目前其污水处理技术应用较为落后,需要得到京津发达地区的帮助;再如,在农业方面大力推广沼气,据调查,截至 2006 年 12 月底,全市 7 个县(区)163 个乡(镇、办事处)1 813个村(社区)55.6 万农户中,已建沼气池 3.3 万个。但是全市仅有沼气建池模具 271 套,难以适应农户用沼气的需要,缺乏必要的服务设施和装备,沼气建设和运行缺少专业技术人员的指导及服务。商洛水源地在农村能源建设方面缺乏先进技术及专业人才,需要得到受水区人民的人才智力和科技支持。

6.8　补偿费用测算及说明

补偿费用测算及说明分别从补偿金额的测算、补偿资金筹措和补偿资金使用说明等方面进行了论述。其中,对水源地补偿金额的测算包括间接补偿金额和直接补偿金额两个方面费用的测算。

6.8.1　间接补偿金额的测算

水源地为保证供水量的充足并提供优质的水资源,在水源区的生态涵养和环境保护方面付出大量劳动,同时也作出了巨大的生存和发展牺牲。这些代价和牺牲在经济层面上不仅表现在水源地为改善和保护水源所发生的直接物资与工程建设投入,也体现在水源地为涵养水源所失去的发展机会成本与经济建设发展机会红利的获得等方面的间接损失。这部分间接损失应当且必须计入水源地所付出的总代价之中,而将对这部分补偿的资金称为间接补偿费用。

南水北调(中线)工程商洛水源地间接补偿费用(Indirect Compensation Costs)主要包括机会成本损失(The Loss of Opportunity Cost)、经济红利损失(The Loss of Economic Dividend)和生态改善效应(The Effect of Ecological Improvement)等三个方面的费用,即间接补偿资金可用公式表达为:

$$M = X_1 \cdot k_1 + X_2 \cdot k_2 + X_3 \cdot k_3 \tag{6-1}$$

其中　M——间接补偿资金;

　　　X_1——机会成本损失;

　　　k_1——修正系数 1;

X_2——经济红利损失;

k_2——修正系数 2;

X_3——生态改善效应;

k_3——修正系数 3。

注意:这里在水源地间接补偿资金的计算公式中引入 k_1、k_2、k_3 三个修正系数,是由于机会成本损失、经济红利损失与生态改善效应三项费用的核算过程中,其所受影响因素可能是多方面的,为保证水源地间接补偿费用的计算尽量符合实际情况,因此对这三项费用引入相应的修正系数。

6.8.1.1　机会成本损失

机会成本损失是指水源地为保护水源而造成该区域获得外界投资收益的减少以及由于发展机会受到限制所造成的本可获取的收益未能实现而带来的损失。水源地的机会成本损失主要包括水源地因进行退耕还林等水土治理而带来的耕地利用损失,由于设置更为严苛的产业进入门槛而导致的引资增量损失,以及减少和限制水资源和森林等资源的利用而产生的生态利用损失等,即机会成本损失可表达为:

$$X_1 = a_1 + a_2 + a_3 \tag{6-2}$$

式中　X_1——机会成本损失;

a_1——耕地利用损失;

a_2——引资增量损失;

a_3——生态利用损失。

6.8.1.2　经济红利损失

经济红利损失是指水源地在涵养与保护水源过程中由于发展机会的受限以及水资源的转让所带来的本应获得的多种经济红利没有产生。其主要包括水源地由于外部投资的减少和水源保护过程中发展机会的失去使得当地经济发展能力弱化,从而造成本地经济发展所产生红利的减少,以及受水区在获得充足的水资源补充后,这部分水资源将在当地经济发展过程中产生一定的综合经济效益,而所产生的综合经济效益应当由受水区和水源地两个补偿主体来共同分享。经济红利损失的大小主要受水源地经济发展能力、机会成本损失程度、受水区因供水带来的 GDP 增量、水资源对受水区所产生 GDP 的实际贡献率以及水源地与受水区关于这部分经济红利的分享比例等多方面因素的影响,其计算公式可表达为:

$$X_2 = X_1 \cdot \alpha + \Delta G \cdot \beta \cdot \xi \tag{6-3}$$

式中　X_2——经济红利损失;

X_1——机会成本损失;

α——水源地机会成本红利生产系数;

ΔG——受水区因供水带来的 GDP 增量;

β——水资源对受水区所产生 GDP 的实际贡献率;

ξ——受水区经济红利分享系数。

6.8.1.3　生态改善效应

生态改善效应主要是指由于受水区在得到充分的水资源补充后,生态环境也得以持续改善,而生态环境的改善将在受水区环境利用、居民生活水平提升、投资环境改善等方面产生巨大的经济效益和社会效益,水源地也应从受水区生态改善所带动的社会经济效益中获得收益并得到一定的发展反哺。生态改善是一系列复杂的生物与环境变化,此处对生态改善效应的计算仅从受水区所调入水的水质与水量对经济红利的影响角度来加以分析,其计算公式可表达为:

$$X_3 = (X_2 - X_1 \cdot \alpha) \cdot \varphi_1 \cdot \varphi_2 \qquad (6\text{-}4)$$

式中　X_3——生态改善效应;

　　　X_2——经济红利损失;

　　　X_1——机会成本损失;

　　　α——水源地机会成本红利生产系数;

　　　φ_1——水量影响判定系数;

　　　φ_2——水质影响判定系数。

对水源地间接补偿费用的测算,因其影响因素不易确定以及各因素对间接补偿费用测算的影响程度和测算标准难以量化确定,需要根据水源地与受水区经济与社会发展的特点以及发展水平与能力来综合确定间接补偿费用的影响因素及各因素相应的影响因子,建立起一套既符合实际且相对完善的计量模型。因此,对商洛水源地间接补偿费用的测算需要在收集相关资料的基础上,依据商洛水源地实际建立一套与其相适应的合理、准确的测算标准。

目前,对商洛水源地间接补偿费的直接测算还存在一定的困难,需要在收集商洛水源地与相应受水区大量实地资料的基础上,通过不断地甄别和推演来充分论证和明确间接补偿三种费用测算过程中所受到的影响因素及其影响因子的大小。对水源地生态补偿费用的核算是一项复杂的计算过程,笔者考虑到水源地间接补偿费用测算体系建立的复杂性和受水区国民经济发展影响因素的复杂性,在本书中对商洛水源地间接补偿费用的测算暂不作具体研究与核算,这将在后续的研究中继续加以完善。

6.8.2　直接补偿金额的测算

分别根据四种补偿内容,从四个方面进行了测算。补偿金额是以商洛市已有的相关方面的规划为主要依据来进行测算的。

6.8.2.1　水源地保护补偿费用测算

此项测算是根据水源地保护补偿所涉及的四个方面内容而进行的。

(1)生态屏障涵养水源保护补偿测算。商洛市现有水土流失面积 11 866 km²,占总面积的 60% 以上。为确保南水北调(中线)工程的调水质量,商洛市做了很多水土保持方面的工作。在总结以前的工作经验的基础上,通过进一步的生态修复和综合治理,计划到2015 年通过坡改梯、营造水保林和经济林、种草等措施,完成 6 000 km² 流失面积治理任务;到 2025 年,全面完成水土流失治理任务,并建立较完善的预防保护、监测及综合防治体系,使得水土资源利用合理高效,这 20 年静态总投资 59.570 7 亿元(《陕西省商洛市水土保持生态建设规划(2005～2025)》)。因为生态屏障涵养水源保护对南水北调工程水质和水量影响较大,所以应将静态总投资在 10 年内完成,所以每年投资应为 5.957 亿元。

(2)防污综合治理补偿测算。根据商洛市现有情况,防污综合治理工程分为一级保护区环境综合整治重点工程、二级保护区和准保护区污染防治重点工程、典型饮用水水源地环境保护示范工程、饮用水水源地环境管理能力建设、预警监控体系建设工程、环境应急能力建设工程6项工程。主要包括7个保护区隔离工程、6个垃圾处理厂、7个污水处理厂、7个饮用水水源地在线监测系统、7个饮用水水质监测实验室等分项综合治理工程。规划工程总投资10.481 2亿元,分10年完成,每年1.048亿元(《陕西省商洛市饮用水水源地环境保护规划(2006~2020)》)。

(3)生态环境建设补偿测算。商洛现有中型和小(一)型水库16座,加上计划完成水库15座,在2020年前共需建设绿色水源工程31座,按平均每座3 000万元计算,10年间共需9.3亿元,即每年需0.93亿元。

(4)宣传教育补偿测算。参照渭河健康生命行宣传活动和"渭南涧裕水库宣传"活动,计划每年举行情系商洛、文化商洛、生态商洛、新闻发布、宣传笔会、生命之水、饮水思源等宣传活动,每年需300万元。

6.8.2.2 扶贫开发项目补偿费用测算

此项测算是根据扶贫开发项目补偿所涉及的内容而进行的。

(1)生态移民补偿测算。根据工程建设规模、建设标准、投资估算标准,经初步概算,商洛市在2008~2015年计划移民7 115户29 300人,生态移民建设项目规划总投资3.521 6亿元,其中,每年需要主要用于建房工程规划投资20 991万元,新建房屋591 115 m²;基本口粮田工程规划投资2 208.3万元,新修基本口粮田13 167.3亩;道路工程规划投资4 889.5万元,改造道路658.82 km;通信、供电工程规划投资4 544万元,新建供电、通信615.87杆/km(《陕西省商洛市巩固退耕还林成果生态移民建设项目规划》)。

(2)农村劳动力转移补偿测算。在2008年,商洛市教育部门筹集580多万元资金,开展"人人技能工程"、"温暖工程",培训农村劳动力11 797万人;扶贫部门开展贫困人口劳动力转移技能培训(雨露计划),全年投资700多万元,培训农村劳动力5 000人;农业部门积极实施"阳光工程"培训,投资256万元,培训农村劳动力6 400人(据商洛市2008年劳动力转移就业工作汇报)。通过对教育、农业、扶贫部门培训费用的分析,每万人需培训费用763万元,按每年职业技能培训6万人计算,即每年需培训费用4 578万元;劳动信息服务平台建设需9 000万元,分3年投资,即每年3 000万元,合计每年0.758亿元。

6.8.2.3 产业结构调整补偿费用测算

此项测算是根据产业结构调整补偿所涉及的内容而进行的。

(1)矿产资源开发利用与工业发展水平提升补偿测算。因为这两部分补偿属于"造血"式补偿,所以其补助形式以贷款和政策指导项目式补助为主。以最低的利息,甚至是无息贷款支持商洛市经济发展,并提供政策性的人才与科技支持。

(2)特色产业发展补偿测算。根据商洛市现状,需要总投资10.389亿元,为8年规划,每年需1.299亿元。其中,嫁接改造总面积180.03万亩,总投资4.201 4亿元;林下经济规划总面积58万亩,总投资2.159 7亿元;规模养殖规划建设规模养殖小区1 500个,总投资4.027 5亿元(《商洛市巩固退耕还林专项规划报告(2008~2015)》)。

(3)节水项目补偿测算。新型农田水利节水建设项目——改善新增灌溉面积 15 万亩,需 4 000 万元;新建节水灌溉工程——节水灌溉设施面积 40 万亩,需 11 600 万元;节水型工业园区示范项目,30 000 万元;生活节水器具普及项目——旧式卫生便器改造、改装节水器具、安装独立水表等补贴、更新改造卫生器具 60 万套,共需 5 000 万元;节水示范单位、小区项目——50 个节水型示范单位、小区,需 1 000 万元。总计 5.16 亿元,按投资年限为 5 年计算,即每年需 1.032 亿元。

6.8.2.4　民众生活水平提升补偿费用测算

此项测算是根据民众生活水平提升补偿所涉及的三个方面内容而进行的。

(1)低于社会平均发展水平补偿测算。商洛市按农业人口 204 万人,平均每人每月 150 元计算,每年需补助 3.06 亿元;按非农人口 40 万人,平均每人每月 100 元计算,每年需补助 0.4 亿元;每年共需补助 3.46 亿元。

(2)发展民众增收项目补偿测算。绿色旅游主要从商洛农家乐发展测算,以贷款形式补助,按每年发展 600 户、每户补助 2 万元计算,每年需发放贷款 0.12 亿元,由水源地补偿基金支付。

(3)基础设施建设项目补偿测算。为发展现代农业,推进社会主义新农村建设,商洛市在过去的 10 多年来,已组织实施农业综合开发项目 113 个,累计投入资金 5.534 亿元;实施土地治理项目 62 个,投入资金 3.156 亿元;建设设施产业化经营项目 51 个,投入资金 2.378 0 亿元,共投入 11.068 亿元。根据以往测算,商洛每年应扶贫开发补偿投入 0.923 亿元(《商洛贫困山区山地生态农业综合开发的调查与研究》)。

根据上述四项合计,2010 ~ 2020 年每年要向商洛市补偿 15.997 亿元,见表 6-1。值得注意的是,上述四项虽然都可能还有上级政府补贴或投入,从这个角度看,应该扣除上级政府的投入,但是,上述四项还没有考虑限制工业发展的机会成本并没有充分计算、可行性研究阶段的项目和因为投资期限过长而产生的价格与生活水平的变化。因此,向商洛市的补偿标准只应高于 15.997 亿元,而不会低于这个数字。

表 6-1　南水北调(中线)商洛水源地补偿直接补偿费用汇总表

序号	项目名称	总投资 (亿元/年)	备注
	合计	15.997	
1	水源地保护补偿费用	7.965	
1.1	生态屏障涵养水源保护补偿	5.957	《陕西省商洛市水土保持生态建设规划 (2005 ~ 2025)》
1.2	防污综合治理补偿	1.048	《陕西省商洛市饮用水水源地环境保护 规划(2006 ~ 2020)》
1.3	生态环境建设补偿	0.93	《洞峪水库绿色水源规划》
1.4	宣传教育补偿	0.03	渭河健康生命行宣传活动等
2	扶贫开发项目补偿	1.198	

续表 6-1

序号	项目名称	总投资 （亿元/年）	备注
2.1	生态移民补偿	0.440	《陕西省商洛市巩固退耕还林成果生态 移民建设项目规划》
2.2	农村劳动力转移补偿	0.758	商洛市 2008 年劳动力转移就业工作汇报
2.3	教育培训发展补偿	—	包含在 2.2 中
3	产业结构调整补偿	2.331	
3.1	矿产资源开发利用补偿	—	政策、贷款
3.2	工业发展水平提升补偿	—	政策、贷款
3.3	特色产业发展补偿	1.299	《商洛市巩固退耕还林专项规划报告 （2008～2015）》
3.4	节水项目补偿	1.032	
4	民众生活水平提升补偿	4.503	
4.1	低于社会平均发展水平补偿	3.46	国家平均水平
4.2	发展民众增收项目补偿	0.12	政策、贷款
4.3	基础设施建设项目补偿	0.923	《商洛贫困山区山地生态农业综合开发 的调查与研究》

以上根据各个规划所测算出来的每年资金总数，只是说明商洛因南水北调（中线）工程每年所投入和损失的费用，并不是要按照以上规划去建设项目，因为规划没有考虑南水北调补偿专项资金的投入。商洛市应为水源地补偿专项资金编制长期和短期的《商洛水源地补偿专项资金建设项目规划》（以下简称《规划》）。《规划》应充分考虑商洛实际现状，将一些对水源地水质影响大的项目尽早上马，比如在《陕西省商洛市饮用水水源地环境保护规划（2006～2020）》中污水处理厂和垃圾处理厂计划 6 年建设完成，但污水处理厂和垃圾处理厂对水源地的水质影响很大，在《规划》中应当提前规划这些项目。

6.8.3 补偿资金筹措

确保补偿资金来源渠道的多元化和畅通，是实现对南水北调工程水源地补偿的一项重要的基础工作。国内外的许多理论研究和补偿实践表明，南水北调工程水源地补偿资金的来源渠道主要有以下几种。

（1）国家预算

所谓国家预算，是指国家根据法定程序编制批准执行的国家年度财政收支计划。作为补偿资金来源的国家预算，主要是指中央财政预算和省级财政的转移支付。在编制年度财政预算时，将一部分补偿资金安排在中央和省级预算支出中，单独作为一个预算科目。这样做,不仅在全国和省人大、政协有关会议的讨论通过中充分吸收广大群众的意见,而且由人民代表大会批准的国家预算受法律保护,资金来源稳定且有保障。应该说,国家预算是南水北调工程水源地补偿最有保障的来源。

(2)市场运作

把水作为一种商品,确定其价值,开征南水北调水资源补偿费。在引水工程受益主体比较明确的情况下,补偿资金不应该也不需要由政府公共财政支付,而应该按照"谁受益谁付费"的原则,由水资源消费者来承担。但是考虑到资金的保证率,以及用水量存在变化,应把水资源消费者当作最主要的承担者,而不是唯一的承担者。

水资源补偿费是补偿机制建立的关键,商洛地区预算水资源补偿费为每立方米0.4～0.7 元。这样既处在用水户可承受的范围内,又刺激了节约用水的积极性。按照这种计算标准,商洛地区每年向南水北调(中线)工程送水 24.6 亿 m^3,即每年需要补偿9.84 亿～17.22 亿元。这种计算方法只考虑了生活用水的补偿费,而工业与电力发电用水的价格是要高于生活用水补偿的,所以实际补偿的费用应该高于之前所计算的费用。

(3)对口援助

生态环境建设具有整体性、宏观性,这就要求我们要加强与社会组织的合作,要积极争取社会生态援助。认真总结和吸取我国过去在长江防护林工程、扶贫等项目中使用社会公益资金的经验与教训,深入了解和认识国内以及国际性金融组织各种投资形式(如项目援助、计划援助、出口信贷、跨国公司直接投资、附带条件援助、自动转让等)的特点和操作规则以及惯例,技巧性地使用社会组织输出资源的各种动机,以弥补补偿资金的不足,使之服务于南水北调工程水源地补偿工作。

(4)发行特种国债

国家通过适度举债,有偿筹措生态建设资金,将社会的消费资金、闲散资金及保险基金等,引导到生态建设上来,这是发达国家的成功经验。借鉴国外的经验,在南水北调工程中,通过发行特种国债,作为南水北调工程水源地补偿资金来源之一,具有可操作的现实意义。它在一定程度上克服了税费的局限性——按法定程序和一定标准无偿征集,而国债的突出特征是有偿性,当国家财政前期通过税费财源难以满足南水北调工程水源地补偿支出需要时,发行国债就可成为弥补财政收入不足的重要手段。

(5)建立补偿基金

由政府有关部门牵头建立南水北调工程水源地补偿基金,该补偿基金的来源可以通过如下途径解决:一是由国家财政拨款作为垫底资金,因为南水北调工程是政府主导的建设工程,这样做可以体现政府行为的导向作用;二是吸纳有关企业、组织的私人投资;三是接受有关企业、社会团体和个人的捐赠。

6.8.4　补偿资金使用说明

补偿资金使用说明主要对资金使用方面的细节问题加以阐述,目的在于更科学、准确、高效地使用补偿资金,达到保护商洛水源地、保障南水北调(中线)工程顺利实施、促进商洛地区经济发展的最终和谐效果。以下对补偿资金使用做了五点说明:

(1)横向资金不足由国家支付

此补偿费用年限为 2010~2020 年,2010 年作为南水北调(中线)工程的基准年,会存在制度没有完全落实及调水量没有达到正常值的问题,导致所收取的横向资金转移不能达到计划年的金额,这部分缺口应由当地政府或国家支付。2020 年以后可根据水源地实际发展状况再次确定补偿费用。

(2)根据社会发展适当调整补偿资金

以 2010 年为补偿的起始年,第一年按所计算的补偿金额 15.508 亿元进行补偿。考虑物价上涨、居民生活水平的提升及政策优惠、劳动力转移和产业"造血"补偿等因素,补偿金额根据每年实际情况进行适当调整。

(3)实施专项资金使用制度

应根据《商洛水源地补偿专项资金建设项目规划》申请专项资金,专款专用。专项资金的申请应该提前编制长期规划和年资金投入规划,依据规划项目申请和批复资金。《商洛水源地补偿专项资金建设项目规划》由水源地管理小组编制。

(4)补偿资金使用公开化

水源地补偿专项资金分配遵循客观、公正、公开、透明的原则,保证财政专项资金用到最需要的地方,充分发挥其效益。定期在网站发布月、季、年规划及总结报告,接受上级、政府其他单位和民众的监督,促进补偿专项资金分配的科学性、公正性。

(5)开展资金审计工作

从宏观和微观两个层面对财政专项资金使用效益进行审计。宏观层面的效益审计,就是看补偿专项资金所预期的目标是否实现。微观层面的效益审计,就是看使用单位是否按规定用途使用补偿专项资金,专项资金投资的项目是否按期、按标准完成,资金投入是否达到最小化,配套资金是否全部到位等。

第 7 章　我国流域生态修复技术集成研究

本章首先详细阐述了生态修复的相关概念及理论基础,其次叙述了现在国内外研究较为成熟并被广泛采用的生态修复技术措施,主要包括退耕还林等生态措施,修建梯田、鱼鳞坑、谷坊工程、淤地坝、拦沙坝、框格护坡等工程措施,生态移民等其他措施。

7.1　生态修复内涵分析

本节从生态、生态修复、生态修复模式、生态修复模式评价、生态修复模式评价指标体系等基本概念的界定出发,对生态修复内涵进行分析。

7.1.1　生态

生态是指人类种群周围空间中直接或间接影响人类生存、生活和发展的各种自然因素的总体,亦称自然环境系统,包括阳光、温度、气候、地磁、空气、水、岩石、土壤、地壳的稳定性等无机组成物和动物、植物、微生物等有机组分。

"生态"一词源于古希腊,意思是指家或者我们的环境。简单来说,生态就是一切生物的生存状态,以及它们之间和它与环境之间环环相扣的关系。生态学的产生最早也是从研究生物个体开始的。

1869 年,德国生物学家 E·海克尔最早提出生态学的概念,认为它是研究动植物及其环境间、动物与植物之间及其对生态系统的影响的一门学科。不同学者对生态学有不同的定义:英国生态学家 Elton(1927)认为生态学是"科学的自然历史";澳大利亚生态学家 Andrewartha(1954)认为,生态学是研究有机体的分布与多度的科学,强调对种群动态的研究;美国生态学家 Odum(1959)认为生态学是研究生态系统的结构与功能的科学;我国著名生态学家马世骏认为,生态学是研究生命系统和环境系统相互关系的科学。

7.1.2　生态修复

生态修复有广义和狭义之分。广义的生态修复是指在特定的土壤侵蚀地区,通过解除生态系统所承受的超负荷压力,根据生态学原理,依靠生态系统本身的自组织和自调控能力的单独作用,或依靠生态系统本身的自组织和自调控能力与人工调控能力的复合作用,使部分或完全受损的生态系统恢复到相对健康的状态。狭义的生态修复是指在特定的土壤侵蚀地区,通过解除生态系统所承受的超负荷压力,根据生态学原理,依靠生态系统本身的自组织和自调控能力的单独作用,或辅以人工调控能力的作用,使部分受损的生态系统恢复到相对健康的状态。

广义生态修复和狭义生态修复的区别主要在于:前者不强调恢复作用力的主次,并且恢复的生态系统既可以是部分受损的,也可以是完全受损的;而后者则强调必须以生态系统本身的自组织和自调控能力为主,以人工调控能力为辅,恢复的生态系统只能是部分受损的。

7.1.3　生态修复模式

生态修复模式是指人们在生态修复活动中所采用的定型的修复方式、生态要素的组织形式、生态演替所遵循的理论以及经济状况和政策等的总成。它具有稳定性、完整性和系统性的特点。

经过多年的研究,现已经根据不同的流域实际情况,建立了宜林地造林绿化模式、改造与封育绿化模式、整治绿化模式、边坡绿化模式、景观改造绿化模式、防火带绿化及生态公益林保护建设等生态环境退化区域的生态修复模式,并且研究建立了生态模式、工程模式等生态环境破坏区域的生态修复模式等。

7.1.4　生态修复模式评价

生态修复模式评价是指根据拟定的评价指标体系,运用综合评价的方法评价生态修复模式实施对特定区域或流域内的生态环境的影响程度,通过定量揭示和预测生态修复模式对生态环境的影响及对人类社会和经济发展的作用,分析确定生态修复模式的优劣。

生态修复模式评价是一个完整的、系统的过程,包括评价原则的制定、评价方法的研究与确定、评价指标体系的初建与优选、确定最终评价指标体系、运用所选评价方法对生态修复模式进行评价,以及得出相应的结论并进行分析。

7.1.5　生态修复模式评价指标体系

生态修复模式评价指标体系是定量描述环境和经济发展相互作用关系与结果的重要手段。生态修复模式评价指标体系应体现生态环境和经济可持续发展长期稳定的关系,反映在修复区内综合治理区承受外界压力的能力和影响程度。

生态修复模式评价指标数据主要来源于统计资料、调查资料、遥感资料。通过查阅资料、收集资料初步建立生态修复模式评价指标,运用层次分析法、SPSS 相关分析法、主成分分析法等方法对评价指标进行优选,最终确定科学、合理的生态修复模式评价指标。

7.2　生态修复理论分析

生态修复理论主要包括可持续发展理论、恢复生态学理论、生态控制系统工程学、生态系统的自组织功能、干扰与生态演替理论、生态系统的自然演替规律等。

7.2.1　可持续发展理论

可持续发展思想源远流长,中西方早就有所体现,但可持续发展的概念直到 1978 年在国际环境和发展委员会的文件中才正式使用。人们从各个角度对可持续发展进行了定义,如生态环境方面、经济发展方面、人类社会方面、资源利用方面等。这里着重讲述生态环境方面,其主要强调人类在注重经济及社会发展的同时,还应该重视生态环境的保护,人类的发展不能超出生态环境的承载力,即追求人类社会发展、经济发展、生态发展并重,强调环境与生态的承载力平衡,保护人类赖以生存的生态环境。

　　无论从哪种角度对可持续发展的定义,都强调人与自然的和谐相处,即人与自然的和谐是可持续发展的比较重要的方面,要抛弃之前先污染后治理的思想,寻求一种人口、资源、环境相互协调发展的方式。因此,开展生态修复是保持生态环境可持续发展的重要手段,而生态修复也是以可持续发展为理论依据的,从而保证生态环境的健康发展。

7.2.2　恢复生态学理论

　　恢复生态学是一门研究退化生态系统的成因与机制,兼顾社会需求,在生态演替理论的指导下,结合一定的技术措施,加速其进展演替,最终恢复建立具有生态、社会、经济效益的可自我维持的生态系统。恢复生态学应用了许多学科的理论,但最主要的还是生态学理论,这些理论主要有:限制性因子原理,即寻找生态系统恢复的关键因子;热力学定律,即确定生态系统能量流动特性;种群密度制约以及分布格局原理,即确定物种的空间配置;生态适应性理论,即尽量采用乡土物种进行生态修复;生态位原理,即合理安排生态系统中的物种及其位置;演替理论,即缩短恢复时间,虽然极端退化的生态系统恢复时演替理论不适用,但是具有指导作用;植物入侵理论;生物多样性原理,即引进物种时强调生物多样性,生物多样性可使恢复的生态系统稳定等。

7.2.3　生态控制系统工程学

　　生态控制系统是指人类控制人类以外的生物及其生态环境整体,即人类在生态系统中,控制它向有利于人类的方向发展。生态控制系统工程学是自然科学与社会科学的充分交叉和融合,它用系统科学的理论,深入地研究具有生命特征的生物系统,强调了人在生态控制中的作用,并以此作为研究的出发点和最终的目标。

　　生态控制系统工程学需要运用自然科学、社会科学和工程技术中的有关理论和方法,涉及国民经济理论、生态经济理论以及生态环境保护和生态平衡两方面的工程技术和政策法律知识,还要应用计算机技术、建模方法、计算机仿真以及优化和预测等技术。因此,生态控制系统工程学具有多学科、跨学科和边缘学科的特征。

7.2.4　生态系统的自组织功能

　　生态系统是一个通过物质循环、能量流动和信息传递而形成的相互作用、相互依存的生态功能单元。生态系统的物种数量越多、结构越复杂,抵抗外界干扰的能力就越强,生态系统的稳定性就越好。生态系统的自组织反馈机制使它具有自我调节的功能,即生态系统在受到不超过生态阈值的外界干扰后,仍然能在一定时间内保持其结构与功能的相对稳定状态,或偏离生态平衡后能在很短的时间内恢复到原始状态,而如果外来干扰超过生态系统的自我调节能力,受损生态系统就不能自然恢复到其原初稳定状态,需要人为的调节、诱导和修复;否则,将长期保持受损状态。

7.2.5 干扰与生态演替理论

在没有严重干扰的情况下,自然生态系统会定向地、有秩序地由一个阶段发展到另一个阶段,称为生态内因演替。演替的结果最终会出现一个相当稳定的生态系统状态,称为顶级稳定状态。每一个演替阶段都有其特定生物群落特征,顶级稳定状态的群落称为顶级群落。干扰常使生态系统受损并改变,称为外因演替。生态系统正常演替总是从低级向高级发展,而干扰使演替进程发生变化,严重时,如人类大规模活动,则使生态系统向相反方向演替,称为逆序演替。生态修复就是使被干扰的生态系统的逆序演替转向正常演替。

景观是处在生态系统之上、大地理区域之下的中间尺度,由不同类型的生态系统组成。景观生态系统由农田生态系统、森林生态系统和坝库、池塘水域生态系统等不同类型的生态系统组成。流域系统产生的干扰会对流域内的几乎所有生态系统产生作用。自然和人为对生态系统的干扰直接影响景观的稳定,景观受到外界干扰时变化越小,能够保持其相对稳定状态的时间越长,干扰后恢复到原来状态的时间越短,景观就越稳定。由于景观生态系统在一定范围内有一定的恢复力、抵抗力和持久力,所以干扰景观具有自然的恢复能力和在人为控制下的重建可能。

7.2.6 生态系统的自然演替规律

任何生态系统都处在变化、发展和自然演替的过程中。在以前没有生长过植被的原生裸地上首先出现先锋植物,以后相继产生一系列植物群落替代过程的原生自然演替序列。一般是裸岩—地衣—苔藓—草被—灌木—乔木。原有植被覆盖消失后,自然演替就要在这种裸地上进行次生演替。植被群落经过一系列发展变化,总趋势朝向逐渐符合当地主要生态环境条件方向的进展演替,是退化生态系统修复的目标。进展演替的结果是,植被特征一般表现为植被种类由少到多,结构由简单到复杂,由不稳定变得逐渐稳定,植被群落越来越能够充分利用环境资源。退化生态系统的修复就是要利用生态系统的自然演替规律,人为创造利于进展演替的生态环境,构建植被种类繁多、立体垂直结构复杂、水平斑块结构多样的相对稳定的生态系统。

7.3 流域生态修复技术

流域生态修复技术主要包括退耕还林,修建梯田、谷坊、鱼鳞坑、淤地坝、拦沙坝、框格护坡工程,生态移民等,下面逐一进行叙述。

7.3.1 退耕还林

退耕还林是从保护和改善生态环境出发,将容易造成水土流失的坡耕地和易造成土地沙化的耕地有计划、分步骤地停止耕种;本着宜乔则乔、宜灌则灌、宜草则草,乔灌草结合的原则,因地制宜地造林种草,恢复林草植被,主要包括封山育林治理、林草结合治理、林农复合治理、林药结合治理、生态旅游治理等。

7.3.1.1　封山育林治理

封山育林是培育森林资源的一种重要营林方式,具有用工少、成本低、见效快、效益高等特点,对加快绿化速度、扩大森林面积、提高森林质量、促进社会经济发展发挥着重要作用。封山育林是利用森林的更新能力,在自然条件适宜的山区,实行定期封山,禁止垦荒、放牧、砍柴等人为的破坏活动,以恢复森林植被的一种育林方式,如图 7-1、图 7-2 所示。

图 7-1　封山育林

图 7-2　树立标牌

（1）适用条件

封山育林模式适用于偏远山区以及沙化严重的地区、裸露山顶,有培育前途的地块或者人工造林困难的高山陡坡、岩石裸露地,经过封育可望成林或增加林草覆盖度的地块,以达到保护生态的目的。

（2）措施

根据不同林地类型采取不同的封育经营措施,分别如下：

①全面封育

全面封育适用于植被覆盖度一般在 40% 以上,具有天然下种或根蘖萌生能力的残败林地。修筑网围栏、防护墙、防护沟把山封起来,禁止人畜危害,封育成林,如图 7-3、图 7-4 所示。封育方式一般是全面封禁,封禁期内禁止砍柴、放牧等其他人为活动。

图 7-3　全面封育围栏

图 7-4　全面封育标志牌

②封播结合

封播结合适用于海拔 1 200~1 600 m 的高山阴坡、半阴坡,植被以草灌为主,大多是集中连片的远高山,仅仅靠封山难以成林,所以在封育时要进行飞播(撒播)造林,形成乔灌群落。撒播前,要进行植被疏化,灌木覆盖度大于 60% 时要割灌留乔。播前种子要精选,并选择在春季无风时进行,撒播种子要均匀,播后出苗不均匀时要进行补植,如图 7-5、图 7-6 所示。

图 7-5　封播结合

图 7-6　飞播造林

③封造结合

封造结合适用于海拔 1 200 m 以下的高山灌丛地、草地。造林方式以植苗为主。造林整地采取带状或穴状,需要注意深浅适宜,不窝根,如图 7-7、图 7-8 所示。造林时间以春季土壤解冻后为宜。

图 7-7　封造结合

图 7-8　人工造林

(3)成林标准

由于各地封育区的条件、树种、林种和封育类型不同,因此要根据实际情况,因地制宜地制定封山育林的成林标准。

①针叶树:平均每公顷 1 800 株以上,且分布均匀。

②阔叶林:平均每公顷 1 650 株以上,且分布均匀,即乔木型郁闭度≥0.2;乔灌混交

型:每公顷乔、灌木 1 350 株(丛)以上,或乔灌覆盖率≥30%。

③灌木型:灌木覆盖率≥30%,或每公顷灌木≥1 000 株(丛),且分布均匀。

④灌草型:灌草综合覆盖率≥50%,其中灌木覆盖率≥20%。

⑤草类:植被覆盖率≥70%。

封山育林是借助自然演替恢复森林的一种森林资源培育方式,具有成本低、见效快、效果好的优点。通过封山育林形成的乔灌草结合的复层混交林,层次复杂、结构稳定,能有效涵养水源,减轻水土流失,改善小气候,减轻气象和地质灾害,保护生物多样性,具有更强的改善生态功能,更能体现生态优先的原则。大力开展封山育林,从林区的经济承载能力和自然承载能力的实际出发,是实现林业以生态建设为主发展战略的必然要求。

7.3.1.2　林草结合治理

林草结合治理是基于长期效益和短期效益相结合的高效模式,适用于靠近村庄、海拔较低的山坡。退耕后植树种草,可以改变土壤利用结构,恢复植被,减少水土流失,改善生态环境,并通过割草养畜,促进畜牧业的发展,短期内可获得良好的经济效益。

该治理方式的关键是合理配置林草品种和比例,以达到林草高效性。林种应本着因地制宜、适地适林的原则。林下种草方式,树种应选择落叶少且易腐烂的树种,比如松柏树、各种阔叶树等。林草带配置方式,林草选择限制较少。牧草适宜选择优质的多年生牧草,比如黑麦草、苜蓿等,如图 7-9、图 7-10 所示。

图 7-9　林草结合

图 7-10　林草配置

7.3.1.3　林农复合治理

林农复合治理是一种多组分、多功能、多效益的人工生态系统和高效利用土地的治理方式。它可以使人们在有限的土地上,持续而稳定地获得比单一土地利用方式更多更好的经济效益、生态效益和社会效益。

　　林农复合治理是指按照生态位的原理,选择经济林与粮食作物间作的模式,是一种过渡性的退耕还林模式。林农复合治理适用于坡下部、土层深厚、水肥条件好的耕地。经济林树种可以选择品质优良、市场前景比较好、商洛水源地的特产,比如核桃、板栗等,如图 7-11、图 7-12 所示。而间作农作物,以不影响经济林树种正常生长为首要原则,可以选择的农作物有豆科作物、花生、薯类等。

图 7-11　林农复合

图 7-12　板栗

7.3.1.4　林药结合治理

　　林药结合治理是指在林下种植具有经济价值的灌木和草本植物的方式,此种方式可以在较短的时间内获得良好的经济效益。

　　药用植物应该注意选择具有耐阴特性且药用价值高的植物,还需注意选择不需要耕作的植物,以免耕作时造成水土流失。针对丹江流域,建议选择药用价值较高且喜阴性的药用植物,如连翘、桔梗、黄姜、西洋参等,如图 7-13 所示。

7.3.1.5　生态旅游治理

　　生态旅游治理是指根据不同地域的自然景观和人文景观,与退耕还林工程有机结合的一种退耕还林类型,是生态效益、经济效益和社会效益"三大效益"协同的典型类型。

　　开发生态旅游景点,在退耕还林中栽植观赏植物,实现春、夏、秋、冬一年四季景色各

(a)

(b)

图 7-13   林药结合

异的景观,以达到退耕还林与生态旅游完美结合的效果:春天山花烂漫、争奇斗艳,如图 7-14 所示;夏天苍山峻岭、积翠凝蓝,如图 7-15 所示;秋天红叶遍山、硕果满枝,如图 7-16 所示;冬天则白雪皑皑、万山幽静,如图 7-17 所示。

图 7-14   春天山花烂漫

图 7-15   夏天苍山峻岭

图 7-16   秋天红叶遍山

图 7-17   冬天白雪皑皑

7.3.1.6   退耕还林机制

退耕还林机制主要包括户退户还,土地置换,退还分离、利益共享,大户承包,专业队造林,产业化经营,股份合作和联营,招投标等。

(1)户退户还

该机制适宜于一些人口密度相对较大、劳动力比较富裕、退耕地和宜林荒地都比较充足的地区,农户退耕后自身还林的能力相对较强的情况。户退户还机制的特点是按自退自还、利益自享的原则,将任务分解到户,分户实施,如图 7-18 所示。

(2)土地置换

该机制是以村为单位,在农户自愿的前提下,通过小范围的土地置换,使退耕地多的农户得到一部分耕作条件较好的农田,而没有退耕地或退耕地较少的农户,也能承担一部分退耕还林还草任务,从而保证一村范围内退耕还林还草任务的大致平衡。这种机制的优点是能确保退耕农户有基本口粮田,避免全退户,如图 7-19 所示。

图 7-18　户退户还

图 7-19　土地置换

（3）退还分离、利益共享

这种机制是在充分尊重农民意愿的前提下,根据退耕还林和荒山造林的任务量的大小,由退耕户拿出部分粮食,补给完成荒山造林任务的农户,所确定的利益分配比例以合同形式明确。优点是通过退还分离,较好地解决了因营造粗放、管护不力造成的"两率"（成活率和保存率）偏低的问题,而缺点是没有完全按照现行政策标准把粮食全部兑现给农户。

（4）大户承包

这种机制是按照业主负责、规模推进的办法,鼓励承包大户完成较大面积的退耕地和荒山造林任务。承包大户与原土地承包人之间,本着自愿的原则,协商解决利益分配等问题。这种机制的优点是有利于统一规划,集中治理,连片管护。缺点是地方操作时容易走样,可能损害多数农户的利益,如图 7-20 所示。

（5）专业队造林

这种机制用在一些宜林荒山造林任务较重、造林难度较大的地区,较多地采用由专业队完成造林种草及其管护任务的办法。这种机制的优点是专业队在造林技术上有保障,施工质量较高,如图 7-21 所示。

图 7-20　大户承包

图 7-21　专业队造林

(6)产业化经营

为适应我国农业和农村发展新阶段的要求,按照产业化的经营思路,通过"公司 + 基地 + 农户"这种形式,把退耕还林还草与促进农村结构调整、地方经济发展和农民增收有机结合,实现生态与经济的良性循环。

(7)股份合作和联营

这种机制是指一些企事业单位、社会团体、个人及其他经济成分,分别以土地、资金、技术、劳力折资入股,集中退耕,规模治理,合作开发,按股分红的运作机制。这种机制的优点是有利于解决退耕后还经济林的投入不足问题,同时通过利益驱动,最大限度地调动各方面的积极性。

(8)招投标

这种机制是指按照公开、公平、公正的原则,以招标的方式确定工程建设任务的承担主体。这种机制的优点是将竞争体制引入工程管理,保证了工程质量。

通过退耕还林,植被种类增多,森林病虫害减轻,林分质量提高,涵养水源、改良土壤、水土保持的功能大大增强,对改善工农业生产条件起到了重要的作用,使粮食产量和农业产值得到稳步提高。许多山区退耕还林后水源条件得到了有效改善。

7.3.1.7　实例分析

(1)陕西丹凤县窑沟流域治理模式

陕西丹凤县窑沟流域位于丹江上游,流域面积为 28.4 km²。该流域属秦巴山系中山土石区,山峦起伏,沟壑纵横,地形支离破碎;土壤疏松,抗冲力差,植被中次生林多,荒山荒坡面积大;降雨较丰,暴雨集中;由于沟道狭窄,人口集中,耕地较少,导致乱砍滥伐,毁林开荒,水土流失十分严重。治理前有水土流失面积 17.59 km²,土壤侵蚀模数 2 623 t/(km²·a),年侵蚀量 7.45 t,属中度侵蚀区。水土流失加剧了贫困,制约了农村经济的可持续发展,危及人类的生存空间。由于水土流失严重,河床逐年抬升,导致洪水泛滥成灾。

1998 年窑沟流域列入"长治"水保项目,开始了水土流失综合治理,于 2000 年底治理结束。治理面积累计达到 15.25 km²,其中封禁治理达到 565.1 hm²。经过 3 年的治理,改善了生产条件和生态环境,促进了生产发展,昔日的穷山村在全县率先实现了脱贫致富。

丹凤县窑沟流域治理按照自然和经济规律,因地制宜,因害设防,进行综合治理。在山地从分水岭到坡面,对次生林实行封禁治理,依靠大自然自身力量恢复植被。对荒山荒坡进行工程整地,栽植油松林或松栎混交林。对于大于 25° 的坡耕地实行退耕还林还草,工程整地,建经济园林,如图 7-22 所示。

图 7-22　丹凤县窑沟流域治理

(2)贵州遵义县连阡流域治理模式

贵州遵义县连阡流域位于黔北山区,属长江中游赤水河流域,土地面积为 21.26 km²,含连阡、龙坑子、大坪、黄石 4 条支毛沟。区内山峦重叠,沟谷交错,相对高差达 687.5 m,坡度在 15°~45°,坡耕地面积大,森林植被破坏严重;年平均降水量 1 030 mm,暴雨每年 3~5 次。水土流失十分严重,水土流失面积 14.54 km²,占总土地面积的 68.4%。

该流域 1997 年列入"长治"重点项目后,确立了变单一治理为综合治理,改消极防护型治理为积极开发型治理,在治理中搞开发,以开发促治理,稳步推进的治理指导思想。

该流域 25° 以上的山坡地面积有 5.4 km²,森林植被差,覆盖率低。对植被稀疏的轻度或中度水土流失区实行封山育林,发挥生态自我修复功能,促进森林植被恢复;对少数光秃地区实行补植。封育、补植后,林草覆盖率由治理前的 43% 提高到了 73%,形成乔灌草立体防护体系,如图 7-23 所示。

7.3.2　梯田修筑

梯田是在坡地上分段沿等高线建造的阶梯式农田,是治理坡耕地水土流失的有效措

图 7-23　乔灌草立体防护体系

施。按照田面坡度不同分为水平梯田、坡式梯田、隔坡梯田及复式梯田等,每种梯田的适用条件、形式、种植作物等都不尽相同。

7.3.2.1　水平梯田

水平梯田即沿等高线把田面修成水平的阶梯农田,是一种保水、保土、增产效果较好的方式,如图 7-24 所示。

图 7-24　水平梯田

水平梯田一般修在坡度较缓(5°~25°)、土质较好、距村庄较近、靠近水源的地方。一般对于 5°~15°缓坡,田面宽度为 20~40 m;15°~25°陡坡,田面宽度为 8~10 m。田坎坡度适当,既坚实稳固,又不多占耕地。另外,可以充分利用田坎,根据气候条件和土壤条件,种植不同的固埂植物,比如种植矮灌丛等。水平梯田断面要素如图 7-25 所示。

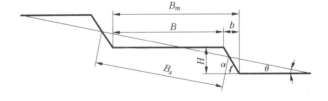

图 7-25　水平梯田断面要素

图 7-25 中,θ 为原地面坡度(°);α 为梯田田坎坡角(°);H 为梯田田坎高度,m;B_x 为原坡面斜宽,m;B_m 为梯田田面毛宽,m;B 为梯田田面净宽,m;b 为梯田田坎占地宽,m。

水平梯田除上述各要素外,田边还应有蓄水埂,高 0.3 ~ 0.5 m,顶宽 0.3 ~ 0.5 m,内外坡比为 1∶1。我国北方水平梯田断面主要尺寸参考数值见表 7-1,水平梯田断面形式见图 7-26。

表 7-1　我国北方水平梯田断面主要尺寸参考数值

地面坡度 $\theta(°)$	田面净宽 $B(m)$	田坎高度 $H(m)$	田坎坡角 $\alpha(°)$
1 ~ 5	30 ~ 40	1.1 ~ 2.3	85 ~ 70
5 ~ 10	20 ~ 30	1.5 ~ 4.3	75 ~ 55
10 ~ 15	15 ~ 20	2.6 ~ 4.4	70 ~ 50
15 ~ 20	10 ~ 15	2.7 ~ 4.5	70 ~ 50
20 ~ 25	8 ~ 10	2.9 ~ 4.7	70 ~ 50

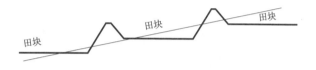

图 7-26　水平梯田断面形式

7.3.2.2　坡式梯田

当耕地土层很薄,坡度很缓,但坡面很长,水土流失也很严重时,如果修筑水平梯田,把底土翻挖到田面上,会造成农作物减产,甚至不能耕作,这种情况下,就需要修坡式梯田。坡式梯田是指山丘坡面地埂呈斜坡的一类耕地,它由坡耕地逐步改造而来,在坡上隔一定距离沿等高线修筑田埂,埂内地表不加平整,利用田埂保土蓄水,见图 7-27。

图 7-27　坡式梯田

坡式梯田根据地面坡度情况、地区降雨情况、耕地土质情况等确定沟埂间距。沟埂的基本形式为埂在上、沟在下,从埂下方开沟取土,在沟上方筑埂,以有利于逐年加高土埂,使田面坡度不断减缓,埂顶宽一般为 30 ~ 40 cm,埂高 50 ~ 60 cm,外坡坡度为 1∶0.5,内坡坡度为 1∶1。根据工程具体情况,坡式梯田和地埂蓄水沟常常结合使用。坡式梯田断面形式见图 7-28。

图 7-28   坡式梯田断面形式

7.3.2.3   隔坡梯田

隔坡梯田适用于年降水量为 300～400 mm,坡度为 15°以上的坡地。隔坡梯田是由水平梯田和坡式梯田组合而成的,上一阶梯田与下一阶梯田之间保留一定宽度。在一个坡面上,每修平一台梯田,留出梯田上坡方向一定面积的原坡面不修,当降暴雨时,径流将坡面的土、肥、水冲入梯田并拦蓄集中起来,使梯田土壤水肥含量增加,农作物增产,并起到保持水土的作用,见图 7-29、图 7-30。

图 7-29   隔坡梯田(一)

图 7-30   隔坡梯田(二)

隔坡梯田由于留出了一定宽度的原坡面不修,所以工程量大大减少,缩短了建设时间,具有投资少、见效快的功效。另外,在隔坡带上下边各种植 1.5～2.0 m 的灌木林,中间播种灌草或者农作物,不仅可以改善生态环境,而且可以带来经济效益。

隔坡梯田的断面设计主要是确定梯田的斜坡部分与水平部分的宽度以及两者间的相对比例。根据隔坡梯田的地面坡度,水平田面宽度一般为 5～10 m,坡度缓的可以宽一些,坡度陡的可以窄一些。斜坡宽度及其水平部分的宽度比例一般为 1:(1～3),干旱少雨地区宽度比例可以大一些,雨量较多地区宽度比例可以小一些。根据平台部分的宽度、田面土壤的渗透性,具体确定斜坡的宽度。隔坡梯田断面形式见图 7-31。

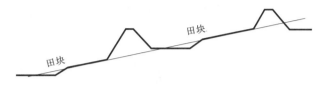

图 7-31　隔坡梯田断面形式

7.3.2.4　实例分析:宁夏固原县隔坡梯田建设模式

固原县位于宁夏南部山区,总面积 3 915 km²,山大沟深,梁峁纵横,植被稀少,降雨集中,水土流失面积 2 692.3 km²,占流域面积的 68.8%,尤其以东部黄土丘陵区和六盘山土石山区最为严重。在水土保持实践中,针对东部黄土丘陵区人少地多、降雨较少的实际,大力推广隔坡梯田,梯田种粮,隔坡造林、种草,坚持走农、林、牧综合发展的路子。

固原县隔坡梯田即沿原自然坡面隔一定距离修筑一阶水平梯田,在梯田与梯田间保留一定宽度的原山坡地植被(一般为平台宽的 1～3 倍)或在隔坡带实施造林种草,使坡面的降雨径流流入水平田面中,增加梯田的土壤水分。在隔坡带上下边各种 1.5～2.0 m 灌木林,中间播种多年生牧草或禾草,夏天为舍饲养殖业提供饲草,冬天作为放牧基地。冬天实施放牧后,牛、羊粪便和植物落叶经牲畜践踏、腐烂,成为高效肥料;夏天随降雨径流流入水平梯田,经深耕疏松,可改良土壤结构,积累养分,增加土壤肥力,为农作物生长和增产创造有利条件。隔坡梯田模式的建设,有利于解决农牧矛盾,促进农、林、牧协调发展,如图 7-32 所示。

图 7-32　固原县隔坡梯田

7.3.3　谷坊工程

谷坊是指在支毛沟修建的高度在 5 m 以下的小淤地坝,既可拦泥固沟,又可淤地种田。按其所用材料,有土谷坊、柳谷坊、石谷坊、混凝土谷坊、钢筋混凝土谷坊、钢料谷坊等类型。谷坊能起到稳定坡脚、防止沟底下切、抬高沟道侵蚀基点、防止沟岸扩张的作用。谷坊一般布置在小支沟、冲沟或切沟上,坝高一般为 3～5 m,拦沙量小于 1 000 m³。

根据地形、地质、建筑材料、劳力、技术、经济、防护目标和对沟道利用的远景规划等诸多因素选择谷坊的类型。由于一条沟道内往往需要连续修筑多座谷坊,形成谷坊群,才能达到预期的保持水土的效果,因此在修筑谷坊时,一般按照"就地取材,因地制宜"的原则,比如若当地有充足的石料,可以考虑修筑石谷坊;对于保护公路、铁路、居民等有特殊防护要求的山洪、泥石流沟道,则考虑选用坚固的永久性谷坊,如浆砌石、混凝土谷坊等,如图7-33所示。

(a)　　　　　　　　　　　　　　　(b)

图7-33　谷坊工程

7.3.3.1　谷坊位置的选择

修建谷坊的主要目的是固定沟床,防止下切冲刷,因此一般将谷坊布置在谷口狭窄、沟床基岩外露的地方,上游有宽阔平坦的储砂的地方;在有支流汇合的情形下,应在汇合点的下游修建谷坊。

7.3.3.2　谷坊设计

(1)断面设计

谷坊的高度一般不超过5 m,并根据所采用的建筑材料来具体确定,以能承受水压力和土压力而不被破坏,且全沟整体工程效益和投资费用最优为原则,例如,土谷坊不超过5 m,浆砌石谷坊不超过4 m,干砌石谷坊不超过2 m,柳谷坊不超过1 m。根据现有资料和经验,常用谷坊的规格为高度0.4~0.5 m,顶宽1.0~1.5 m,迎水坡1:(0.5~1.5),背水坡1:(0.3~1.0)。

(2)谷坊间距计算

谷坊间距与谷坊高度及稳定坡度有关。在谷坊淤满之后,淤积泥沙的表面不可能绝对水平,而具有一定高度,叫稳定坡度,谷坊淤土表面的稳定坡度I_0用瓦兰亭公式计算。

$$I_0 = 0.093d/h \tag{7-1}$$

式中　I_0——稳定坡度;

　　　d——砂砾的平均粒径,mm;

　　　h——平均水深,m。

根据谷坊高度H、沟底天然坡度I,以及谷坊坝后淤土表面稳定坡度I_0,按照式(7-2)计算谷坊间距L。

$$L = \frac{H}{I - I_0} \tag{7-2}$$

式中　L——谷坊间距,m;

H——谷坊高度,m;

I——沟底天然坡度;

I_0——稳定坡度。

(3)谷坊的溢流口设计

为避免暴雨造成洪水漫顶冲毁谷坊,应该设置溢流口。谷坊溢流口应设在中部或沟床深槽处,当谷坊顶部全部溢流时,必须做好两侧沟岸防护,比如石谷坊可在谷坊顶部中央留溢口,土谷坊要在谷坊一端留溢口。

7.3.3.3　实例分析:甘肃凤凰沟试点流域柳谷坊群建设

甘肃省泾川县凤凰沟流域总面积为 34.29 km²,属黄土高原沟壑区。该地区属暖温带大陆性气候,年平均降水量 533.4 mm,最大降水量 790 mm,降水多以暴雨形式出现。流域内有一、二级支沟 89 条,其中,属强度侵蚀的沟道有 14 条,轻度侵蚀的沟道有 19 条。

本流域水土流失严重,90%以上的泥沙来源于重力侵蚀和水力侵蚀。据黄河水利委员会泾川水文站观测资料,全流域多年平均侵蚀总量为 21.9 万 t,可产径流总量 146.3 万 m³。

该流域在抓好坡面治理的同时,重视沟道工程治理。在 61 条支毛沟内共建柳谷坊 3 248 道,保存率、成活率分别达到 82.4% 和 100%。该流域已有 70% 的柳谷坊发挥拦沙固沟效益,共拦泥 2 275 m³,有效防止了沟底下切;柳谷坊每年都可提供木材;柳谷坊的生长及拦泥淤地促成植被恢复和演替扩展,使植被由逆向退化变为顺向进化,涵养了水源,增加了植被覆盖率,形成沟底铺"绿毯"。同时,枯枝落叶层可形成大量的腐殖质,增加土壤有机质含量,改良土壤结构,使土地生态小系统迈向良性循环的格局,如图 7-34 所示。

图 7-34　柳谷坊

7.3.4　鱼鳞坑

鱼鳞坑是在被冲沟切割破碎的坡面(坡度一般在 15°~45°),或陡坡地(45°)上植树造林的整地工程。由于不便于修筑水平的截水沟,于是采取挖坑的方式分散拦截坡面径流,控制水土流失。挖坑取出的土,在坑的下方培成半圆的埂,以增加蓄水量。在坡面上坑的布置上下相间,排列成鱼鳞状,故名鱼鳞坑。它也是陡坡地植树造林的一种整地工程。

　　鱼鳞坑不仅用于植树造林,而且也是水土保持治坡工程,因而应该按照工程设计标准进行设计。鱼鳞坑设计标准从暴雨频率和造林成活保证率两方面来考虑。

7.3.4.1　鱼鳞坑的布置及规格

　　鱼鳞坑的布置是从山顶到山脚每隔一定距离成排挖月牙形坑,每排坑均沿等高线挖,上下两个坑应交叉相互搭接,成品字形排列。等高线上鱼鳞坑间距(株距)为 1.5 ~ 3.5 m(约为坑径的 2 倍),上下两排距为 1.5 m,坑深为 0.3 ~ 0.5 m,挖坑取出的土,培在外沿筑成半圆埂,以增加蓄水量。埂中间高、两边低,使水从两边流入下一个鱼鳞坑,表土填入挖成的坑内,坑内种树,如图 7-35、图 7-36 所示。

图 7-35　鱼鳞坑　　　　　　　　图 7-36　鱼鳞坑侧面

　　鱼鳞坑在拦蓄过程中分两种不同的状态:

　　(1)当降雨强度小、历时短时,由于单位面积来水少,鱼鳞坑不可能漫溢,因此起到了分段、分片切断并拦蓄径流的作用。

　　(2)当降雨强度大、历时长时,由于单位面积来水多,鱼鳞坑就会发生漫溢。但因为鱼鳞坑的埂中间高、两边低,这样一来就保证了径流在坡面上往下流动时不是直线和沿着一个方向的,因而避免了径流集中,坡面径流受到了行行列列鱼鳞坑的节节调节,就使径流的冲刷能力减弱。假若遇到超设计标准降水时,或者按植树造林要求,鱼鳞坑布置过稀,坑内蓄水容量不足时,不仅鱼鳞坑要发生漫溢,最下一排鱼鳞坑的上沿土坡由于径流量大也容易被冲蚀,因此必须限制该处的流速小于土壤不冲流速。

7.3.4.2　实例分析:陕西丹凤桃花沟流域坡耕地修复模式

　　丹凤县属于中低山区,坡面破碎,土层瘠薄,为改善立地条件,提高造林成活率和保存率,便于管理,大规模推广混凝土预制件鱼鳞坑技术,以达到分段、分片拦蓄土壤和径流,从而控制水土流失的目的。

　　丹凤桃花沟流域鱼鳞坑设计呈半圆状,内径 0.7 m,高度 0.3 m,壁厚 0.08 m,混凝土强度等级不小于 C20,埋置深度不小于 10 cm,每个坑内栽植 1 棵植物,且成品字形布置,具体见图 7-37、图 7-38。该技术可有效地保水保肥、方便运输。此工程会大幅度提高植物的成活率及林草覆盖率,改善生态及人居环境。

图 7-37　丹凤桃花沟流域鱼鳞沟(一)　　　　图 7-38　丹凤桃花沟流域鱼鳞沟(二)

7.3.5　淤地坝

淤地坝是指在水土流失地区各级沟道中,以拦泥淤地为目的而修建的坝工建筑物,其拦泥淤成的地称为坝地。在流域沟道中,用于淤地生产的坝叫淤地坝。

淤地坝将泥沙就地拦蓄,使荒沟变成了人造小平原,增加了耕地面积。同时,坝地主要由坡面上流失下来的表土层淤积而成,含有大量的牲畜粪便、枯枝落叶等有机质,土壤肥沃、水分充足、抗旱能力强,成为高产稳产的基本农田。淤地坝通过梯级建设,大、中、小结合,层层拦蓄,具有较强的削峰、滞洪能力和上拦下保的作用,能有效地防治洪水泥沙对下游造成的危害。

7.3.5.1　淤地坝的组成

淤地坝由坝体、溢洪道、放水建筑物三部分组成。坝体是横拦沟道的挡水拦泥建筑物,用以拦蓄洪水、淤积泥沙、抬高淤积面;溢洪道是排泄洪水的建筑物,当淤地坝洪水位超过设计标高时,就由溢洪道排出,以保证坝体的安全和坝地的正常生产;放水建筑物多采用竖井式和卧管式,沟道常流水、库内清水等通过放水设备排水到下游,如图 7-39 所示。

图 7-39　淤地坝

淤地坝主要用于拦泥而非长期蓄水,所以淤地坝比水库大坝设计洪水标准低,陡坡比较陡,对地质条件要求低,坝基、岸坡处理和背水坡脚排水设施简单,在设计和运用上一般不考虑坝基渗漏和放水骤降等问题。

7.3.5.2　淤地坝的坝系规划

坝系是指以小流域为单元,通过科学规划,在沟道中合理布设骨干坝和淤地坝等沟道工程,提高流域整体防御能力,实现沟道水资源的全面开发和利用而建立的沟道防治体系。坝系布设由沟道地形、利用形式以及经济技术的合理性与可能性等因素来确定,布设的坝系包括以下几种:

(1)上淤下种、淤种结合布设方式

流域内集水面积小、坡面治理较好、洪水来源少的沟道,可以采取由沟口到沟头,自下而上分期打坝方式,当下坝淤满能耕种时,再打上坝拦洪淤地,逐个向上发展,形成坝系。一般情况下,上坝以拦洪为主,边拦边种,下坝以生产为主,边种边淤。

(2)上坝生产、下坝拦淤布设方式

对于流域面积较大的沟道,在坡面治理差、来水很多、劳力又少的情况下,可以采用从上到下分期打坝的办法,待上坝淤满利用时,再打下坝,滞洪拦淤,由沟头直打到沟口,逐步形成坝系。坝系的防洪办法是上坝淤成后,从溢洪道一侧开挖排洪渠,将洪水全部排到下坝拦蓄,淤淀成地。

(3)轮蓄轮种、蓄种结合布设方式

大小不同的流域内,只要劳力充足,同时可以打几座坝,分段拦洪淤地。待这些坝淤满生产时,再在这些坝的上游打坝,作为拦洪坝,形成隔坝拦蓄,所蓄洪水可浇灌下坝。待上坝淤满后,由滞洪改为生产,接着加高下坝,变生产为滞洪坝。这种坝系交替加高,轮蓄轮种,蓄种结合。

(4)支沟滞洪、干沟生产布设方式

对于已成坝系的干支沟,干沟坝以生产为主,支沟坝以滞洪为主,干支沟各坝应按区间流域面积分组调节,控制洪水,达到拦、蓄、淤、排和生产的目的。这种坝系调节洪水的办法是:干支沟相邻的2~3个坝作为一组,丰水年时可将滞洪坝容纳不下的多余洪水漫淤至生产坝进行调节,保证安全度汛。

(5)多漫少排、漫排兼顾布设方式

流域内形成完整坝系及坡面治理较好的沟道里,可通过建立排水滞洪系统,把全流域的洪水分成两部分,大部分引到坝地里,漫地肥田,小部分通过排洪渠排到坝外漫淤滩地。布设时,在坝系支沟多的一侧挖渠修堤,坝地内划段修挡水埝,在每块坝地的围堤上端开一引水口进行漫淤,下端开一退水口,要把多余的洪水或清水通过排洪渠排到坝外。

(6)以排为主、漫淤滩地布设方式

对于一些较大的流域往往由于洪水较大,所有坝地不能拦住洪水,这时采取以排为主的方式,有计划地把洪水泥沙引到沟外。漫淤台地、滩地,其办法主要是通过坝系控制,分散来水,将洪水由大化小,由急化缓,创造控制利用洪水的条件,把排洪与引洪漫地结合起来。

(7)高线排洪、保库灌田布设方式

对于坝地面积不大的地方或者有小水库的沟道,为了充分利用好坝地或使水库长期运用,不能淤积,可以绕过水库、坝地,在沟坡高处开渠,把上游洪水引到下游沟道或其他地方加以利用。

(8)隔山凿洞、邻沟分洪布设方式

一些流域面积较大且坡面治理差的沟道,虽然沟内打坝较多,但由于洪量太大,坝系拦洪能力有限,或者坝地存在严重盐碱化和排洪渠占用坝地太多等,既不能有效地拦蓄所有洪水,又不能安全地向下游排洪。在这种情况下,只要邻近有山沟,隔梁不大,又有退洪漫淤条件,就可开挖分洪隧河,使洪水泄入邻沟内,淤满坝地或沟台地,分散洪水,不致集中危害,达到安全生产、合理利用的目的。

(9)坝库相间、清洪分治布设方式

沟道里能多淤地的地方打淤地坝,泉眼集中的地方修水库,因地制宜地合理布置坝地和水库位置,具体布设方式有以下 3 种:

①"拦洪蓄清"方式

在水库上游只建设清水洞而不设溢洪道的拦洪坝。拦洪坝采取"留淤放清,计划淤种"的运用方式,而将清水放入水库蓄起。

②"导洪蓄清"方式

当洪水较大或拦洪坝淤满种植后,洪水必须下泄时,可选择合适的地形,使拦洪坝(或淤地坝)的溢洪道绕过水库,把洪水导向水库的下游。

③"排洪蓄清"方式

当上游无打拦洪坝条件时,可以利用水库本身设法汛期排洪,汛后蓄清水。方法是在溢洪道处安装低坎大孔闸门或设置临时挡水土埝。汛期开门(扒开埝土),洪水经水库穿堂而过,可把泥沙带走,汛后关门(再堆土埝)蓄清水。

7.3.5.3　淤地坝的作用

在流域内修筑淤地坝,主要有如下作用:

(1)稳定和抬高侵蚀基准,防止沟底下切和沟岸坍塌,控制沟头前进和沟壁扩张;

(2)蓄洪、拦泥、削峰,减少入河、入库泥沙,减轻下游洪沙灾害,提高流域防洪标准;

(3)拦泥、落淤、造地,变荒沟为良田;

(4)改变农业生产基本条件,提高粮食产量。

7.3.5.4　实例分析:陕西延安市碾庄沟坝系建设模式

碾庄沟流域位于陕西省延安市宝塔区东北部,属黄土高原丘陵沟壑区。流域面积 54.2 km^2,有大小支毛沟 592 条,沟壑密度 4.28 km/km^2,流域内黄土广布,质地疏松,抗蚀性差。年均降水量 550 mm,暴雨多,60% 的雨量集中在 7~9 三个月。

该流域的坝系从 1956 年开始建设,截至 2000 年底,累计建成淤地坝 192 座,其中控制性骨干工程 11 座,中小型淤地坝 181 座,总库容 3 840 万 m^3。累计拦泥 3 230 万 m^3,可淤地 5 760 hm^2,已淤成 2 326 hm^2。碾庄沟坝系建设已形成了"以小流域为单元,以大型骨干坝为骨架,大中小配套,拦蓄用排相结合"的坝系防治利用模式,如图 7-40、图 7-41 所示。其总体布局是:主沟生产,支沟滞洪;上游滞洪,下游生产;大型拦洪,小型生产;坝库相间,蓄用配套。具体形式为:

图7-40　碾庄沟坝系一角

图7-41　碾庄沟坝系

(1)上拦下种,淤种结合

这种布设方式主要适用于坡面治理较好、洪水不大的沟道。建坝顺序自下而上进行,当下坝基本淤满能耕种时,再打上坝,利用上坝拦洪,如此逐个向上游发展,形成坝系。

(2)上坝生产,下坝拦淤

这种布设方式适用于坡面治理差、洪水多的沟道。建坝顺序采取自上而下的方式,在上游淤地坝基本淤满可以种植利用时,再打下坝,依次淤成一个,再打一个,由沟头直打到沟口,逐步形成坝系。

(3)轮蓄轮种,蓄种结合

这种布设方式适用于各种支沟。在沟内同时打几座坝,蓄水灌溉和种植利用各有分工。蓄水坝淤满后,将其种植利用,原种植坝加高蓄水,如此反复。

(4)支沟滞洪,干沟生产

在已成坝系沟道中,干沟坝以生产为主,支沟坝以滞洪为主,干支沟各坝按区间流域面积分组调节、控制洪水,使之形成拦、蓄、淤、排和生产有机协调的工程体系。

(5)统筹兼顾,蓄排结合

在形成完整坝系及坡面治理较好的沟道里,通过建立排水滞洪系统,把上坝多余的洪水引到下坝地里淤地肥田,既保上坝安全,又促下坝增产。

(6)高线排洪,保库灌田

在有小水库或坝地不多的沟道,为了减少水库淤积并利用好现有的坝地,可以绕过水库、坝地,在沟坡高处开渠,把上游洪水引到下游沟道或其他沟道利用。

(7)坝库相间,清洪分治

在泉眼集中的地方修水库,蓄住清水,在上游打坝,拦住洪水。需要排洪时,绕过清水库,修建排洪渠,以免水库淤积。这样既能灌溉,又不使泉水淤埋在坝地内,造成盐碱化。

碾庄沟流域坝系布局合理,效益十分明显。据观测,土壤侵蚀模数由治理前的 8 000 t/(km² · a)下降到目前的 4 262 t/(km² · a),减少了近一半,促进了流域 700 hm² 坡耕地退耕还林还草,加速了生态环境的改善。

7.3.6　拦沙坝

7.3.6.1　**概述**

拦沙坝是指以拦蓄山洪泥石流沟道中固体物质为主要目的的挡拦建筑物。一般建在主沟或较大的支沟内。在泥石流沟道形成区或形成区与流通区沟谷内,是泥石流综合治理的骨干工程。拦沙坝主要用于拦蓄泥沙、调节沟道内水沙,以免除对下游的危害,便于下游河道整治。拦沙坝通常坝高大于 5 m,一般为 3 ~ 15 m,拦沙量在 100 万 ~ 1 000 万 m³。

拦沙坝坝型主要根据山洪或泥石流的规模及材料来决定。坝型按结构分为重力坝、切口坝、错体坝、拱坝、格栅坝、钢索坝;根据建筑材料可以分为砌石坝、混合坝、铁丝石笼坝等,见图 7-42。

图 7-42　拦沙坝

7.3.6.2　**实例分析:重庆苎溪河拦沙坝建设**

苎溪河横贯万州城区,流域面积为 153.45 m²,每年的土壤流失量高达 96.5 万 t,入河泥沙为 77.2 万 t。如果不实施拦截,三峡水库建成后,大量泥沙将会在库区淤积下来,对库区水文和原有生态系统造成严重威胁,并直接危害到三峡工程,如图 7-43 所示。

图 7-43　苎溪河拦沙坝

苎溪河拦沙坝于 2008 年竣工,高程为 175.3 m,坝长 136 m,坝底座宽达 136 m,坝顶宽为 8 m。三峡工程完成后,苎溪河每年要拦截数十万吨泥沙;且苎溪河常年最低水位为

173 m,将完全解决三峡水库成库后,泄洪期间万州主城河岸出现 30 m 高消落带的难题。

7.3.7　框格护坡

（1）适用条件

对于流域内风化较严重的岩质边坡和坡面稳定的较高土质边坡均可采用框格护坡。框格护坡可选用菱形框格、六边形框格、主从式框格等。

（2）具体措施

①框格内植草,通常采用借土喷播法或植草皮等方法。

②框格形式主要有正方形、菱形、拱形、主肋加斜向横肋或波浪形横肋以及几种几何图形组合等形式,框格及横肋宽一般取 0.4 ~ 0.6 m,主肋宽取 1 m 左右,框格间距 2.5 ~ 3.5 m,如图 7-44、图 7-45 所示。

图 7-44　框格护坡

图 7-45　拱形框格护坡

7.3.8　生态移民

生态移民是指为了保护生态环境,将生态脆弱区的生态超载人口迁到生态承载能力高的农业区或城镇郊区,改变群众传统的生活方式,以从事农牧业和农畜产品加工业为主,使人口、资源、环境与社会经济协调发展,且不破坏迁入地的生态环境,从而缓解人口对生态环境的压力,确保生态自我修复战略措施顺利进行的主动人口迁移。

陕西省特别是陕南地区处于泥石流、滑坡、洪涝灾害等自然灾害多发区,易造成人员伤亡、财产损失等极大的危害,如图 7-46、图 7-47 所示。陕西省政府计划从 2011 年起,利用 10 年的时间,实施"陕南地区移民搬迁安置"和"陕北白于山区扶贫移民搬迁"工程,涉及搬迁居民 279 万多人,总投资接近 1 230 亿元,这是新中国成立 60 多年以来,涉及人口最多的一个区域经济、社会发展项目。生态移民实施的方式主要包括相对集中安置、区域性整体迁移、建设中心村等几种。

7.3.8.1　相对集中安置

相对集中安置是指将整个行政村或者村民小组搬迁安置在一个相对集中的地带,搬迁之后,形成行政村或村民小组,独立建制成行政村或作为独立的村民小组纳入当地行政村统一管理,如图 7-48 所示。

图 7-46 泥石流灾害

图 7-47 暴雨灾害

(a)

(b)

图 7-48 相对集中安置

相对集中安置使得原来的村、组建制基本不变,原有社会关系网络基本得以保持,社区文化环境基本相似,有利于移民心理上的稳定和迁移安置的顺利进行。但是相对集中安置要求安置区必须有丰富的土地资源,能够调整出成片的土地或有成片的土地可供开垦。

7.3.8.2 区域性整体迁移

对于分布在低山区、居民生产生活条件极差、自然环境条件恶劣、交通不便、信息不灵通的偏远农村或者是处于洪涝灾害区与山体滑坡严重地带区等的居民采用区域性整体迁移,将区域农村居民整体搬迁到经济条件好、发展空间大的农村居民点或者是直接建设独立的新村,如图 7-49 所示。

图 7-49 区域性整体迁移

7.3.8.3　建设中心村

许多农村居民依附地势、耕地、水源等而零散分布,一两户农民即为一个居民点,加之空置房的存在,占用了大量的土地,使得原有的生态系统遭到破坏,给区域生态环境建设带来了诸多的不便,加剧了水土流失的强度,并制约了这些农村居民点的经济发展。针对这种情形,可以采用合并到中心村或者行政村,缩并零散居民点为集中居民点的方式,将点源污染变为面源污染,再统一进行治污,这样既减少了人类对生态环境的影响,又方便了水土保持的管理,同时也有利于偏远地区农民的脱贫致富,如图 7-50 所示。

图 7-50　建设中心村

7.3.8.4　配套设施

为了能使生态移民搬得出、稳得住,配套设施也应尽可能健全,满足交通便利的要求。另外,派出所、医院、学校、幼儿园等社会保障设施,银行、供电、供水、邮电、电信等公共服务设施要健全。除此之外,建立影院、体育场馆、文化广场等,满足移民的文化娱乐需求。生态移民的主要目的是保护生态,不管是建设田园城市、建设中心村,还是进行区域性整体迁移,都是把居民集中起来,使点源污染变为面源污染,然后再统一进行治污。

(1)道路

道路基础设施是一个地方经济、社会发展的大动脉,对当地经济的发展有举足轻重的作用,因此道路基础设施建设必须适应当地经济发展的需要。移民新村内修筑的道路应适应未来交通发展的需要,满足各个道路的职能要求。主干道建设采用水泥或者沥青路面,满足机车、人行的双重需要,并注意新建道路的排水、绿化、路灯等相关工程的建设,如图 7-51 所示。

(2)水电

水和电是人类生存的必不可少的条件之一。水是生命的源泉,是人类赖以生存和发展的不可缺少的最重要的物质资源之一。电对现代家居已是不可或缺的,不仅能提高人们的生活质量,而且对人类的生产活动也起着举足轻重的作用。因此,移民新村内应家家户户通水、通电,以保证移民的正常生活和生产对水、电的需要。

图 7-51　道路基础设施

（3）通信

信息技术的发展和应用给人类经济和社会带来了深刻的影响,信息化发展的趋势越来越明显,而信息的传播离不开报纸杂志、广播电视等手段。在移民新村确保通广播电视、通电话,以保证移民能与外界接轨,接收到来自四面八方的最新消息,有利于他们的生活和生产。

（4）文教、卫生

实现移民新村有幼儿园、小学、初中等学校（见图 7-52）,保证移民的后代能就近接受教育。设立文化活动室（见图 7-53）,丰富移民的生活,并建设灯光球场、宣传栏,购置放映、音响及办公设备,保证信息传播通畅。在移民新村规划建设村级卫生室,以解决村民就医难的问题。

图 7-52　学校

图 7-53　文化活动室

（5）后扶持

移民是否稳得住、是否能致富,在很大程度上取决于政府的后扶持执行情况。政府应高度重视后扶持工作,认真贯彻执行国家、省、地方制定的后扶持相关政策、制度,保证后扶持资金到位,并专款专用,加大后扶持力度和强度,建好基础设施,为移民创造良好的生活和生产条件,及时提供资金和技术支持,保证移民能稳得住、能致富。

7.3.8.5　实例分析:新疆塔里木河流域轮台县生态移民

随着人口的增加、社会经济的发展、水资源的无序开发和低效利用,塔里木河向干流输送的水量逐年减少,水质不断恶化,下游近 400 km 的河道断流,大片胡杨林死亡;"绿色走廊"濒于毁灭的边缘。因此,2001 年我国政府投资 107 亿元实施了塔里木河流域综合治理、退耕封育异地搬迁项目,试图通过搬迁新疆巴州轮台县和尉犁县地区(总覆盖面积达 102 万 km²)的生态移民,以改善塔里木河生态环境,实现生态、经济、社会三大效益相统一,并不断提升区域综合实力与区域经济的可持续发展能力。

轮台县位于天山南麓,塔里木盆地北缘。轮台县草湖地区系指轮台县沿塔里木河北岸的一乡(草湖乡)、两场(草湖牧场和卡尔恰其牧场)。据统计,搬迁区范围内 1998 年末有 524 户 2 420 人,分批实施搬迁,搬迁结束后,草湖乡、草湖农场、卡尔恰其牧场的 40 km² 土地将全部退耕还林。在安置区选择时,结合地区资源承载力、交通条件、发展第二三产业可行性、民族与风俗、群众意愿等,对安置区和安置方式进行了选择,最终确定拉帕地区作为集中安置区。在安置区内设村委会、小学、卫生所、文化站、兽医站、水管站、农机站、信用社等,如图 7-54 所示。

图 7-54　轮台县移民新村

7.3.9　剩余劳动力转移

在生态修复中,很重要的一点就是停止人为干扰,解除生态环境所承受的超负荷压力。生态修复许多技术如退耕还林等会对流域内居民的生产生活产生一定的影响,因为实行退耕还林等措施后,使得耕地面积减小,这样需要的劳动力就减少,从而解放了部分劳动力。

农村剩余劳动力是指在充分利用现有的各类农业生产资料的前提下,在农村内部仍然以隐性失业的形式存在的劳动力,以至于将这部分劳动力转移出去,农业产量也不会明显减少。

要实现农村剩余劳动力的转移,首先,就是要充分地发挥劳动就业部门的作用,保证将农村的剩余劳动力都转移到较为发达并且缺乏劳动力的地区,这样既能解决剩余劳动力的就业问题,又能解决发达地区劳动力匮乏的问题,实现双赢;其次,国家要重点发展第三产业,使得剩余的农村劳动力能成功地就业;再次,政府有关部门要颁布实施一系列的优惠政策,如减免税费等,举办相关专业的培训班,以增强剩余的农村劳动力的就业能力,同时鼓励自主创业,如图 7-55、图 7-56 所示。只有实现了农村剩余劳动力的成功转移,解除了人类对大自然生态系统的超荷载,才能使得生态修复得以顺利的实施。

图 7-55　剩余劳动力转移培训

图 7-56　剩余劳动力转移

第8章　南水北调(中线)工程水源地
丹江流域生态修复模式构建

本章主要在分析丹江流域地理特征的基础上,构建了适应丹江流域的"二·四五·四"模式,该模式是把流域划分为河道内和河道外两个区域分别构建的修复模式。本章以创新的思维和方式对丹江流域河流生态修复进行详细的叙述。

8.1　丹江流域地理特征分析

丹江流域土地总面积为 881.06 万 hm^2,土地坡度分级面积为:<5°占土地总面积的 10.48%,5°~25°占土地总面积的 34.52%,>25°占土地总面积的 55%。其中,<5°耕地占耕地面积的 35.05%,>25°坡耕地占耕地面积的 26.62%,具体见表8-1。

表 8-1　土地坡度分级面积表

序号	坡度(°)	占土地面积(%)	面积(hm^2)
1	<5	10.48	92.33
2	5~25	34.52	304.15
3	>25	55	484.58

丹江流域内商洛地区位于陕西省东南部,是一个群山连绵、沟壑纵横、以中低山为主的土石山区,属于由南暖温带向北亚热带过渡的半干旱半湿润气候区。区内按地貌的成因、组成物质等因素的差异划分为三个基本地貌单元。

(1)河谷川塬地貌。本地貌包括丹江、洛河等主要河流及其支流两侧的河滩地,各山谷间的沟台地,海拔多在 900 m 以下,相对高程小于 100 m,地面坡度小于 7°,一般地势较平缓开阔,土层深厚,土质肥沃,是基本农田的主要分布区,占全区总面积的 11.9%。

(2)低山丘陵地貌。本区是河谷川塬地貌与中山地貌之间的过渡性地貌,海拔在 850~1 250 m,地面坡度在 10°~25°,植被稀疏,偶见残林,水土流失严重,荒坡秃岭占有一定面积,是坡旱地的主要分布区域,占全区总面积的 34.6%。

(3)中山地貌。该区海拔在 1 200 m 以上,相对高程在 500~1 200 m,坡度一般在 20°~50°,占全区面积的 53.3%,本区 1 500 m 以上的山坡基本为林牧业用地,耕地零星分布于 1 200~1 500 m,且大多属于超过 25°的"挂牌地"。

8.2　丹江流域生态修复模式建立

本节对丹江流域生态修复模式按照水土保持生态修复及河道健康生命修复两个方

面,构建了"二·四五·四"模式,其中"二"指将流域划分为河道内流域、河道外流域两个区域进行修复;"四五"即在河道外流域构建生态模式、工程模式、生态模式与工程模式合理配置、生态移民模式四种生态修复模式,建设退耕还林绿化带、滩地防护林带、梯田作物带、谷坊梯级防护带、道路绿化植被带五带;"四"指对河道内流域的生态修复通过生态堤防、生物措施、水库优化调度、封堵排污口四种措施进行。

8.2.1 河道外区域

8.2.1.1 生态模式

根据丹江流域的地形地势、气候等实际情况,生态模式即退耕还林还草、滩地建设防护林、公路两旁边坡铺草皮等,形成退耕还林绿化带、滩地防护林带、道路绿化植被带。

(1)建设退耕还林绿化带

丹江流域内海拔高于800 m的山顶或立地条件差、坡度大于25°的山坡,采用退耕还林还草的生态修复模式。退耕还林工程建设主要包括退耕地还林和宜林荒山荒地造林。以商洛地区为例,商洛的中山地貌区,海拔在1 200 m以上,坡度一般在20°~50°,且有耕地零星分布在1 200~1 500 m,对中山地貌区实行退耕地还林;商洛的低山丘陵区,海拔在850~1 250 m,荒坡秃岭占有一定面积,实行宜林荒山荒地造林。

不管是退耕地还林还是宜林荒山荒地造林,都分为生态林和经济林。生态林是指在退耕还林工程中,营造以减少水土流失和风沙危害等生态效益为主要目的的林木,如在丹江流域内营造水土保持林、水源涵养林。经济林是指在退耕还林工程中,营造以生产果品、食用油料、饮料、调料和药材等为主要目的的林木。

①营造生态林

丹江流域内,对于海拔高于1 200 m或者坡度大于25°的山坡,采取封山育林。对于集中连片的高远山,结合飞播,形成以刺槐、油松等为主的乔木生态林(见图8-1),以实现水土保持。

(a)   (b)

图8-1 营造生态林

②营造经济林

丹江流域内,对于海拔在800~1 200 m或者坡度大于25°的山坡,采取植树造林,形成以板栗、核桃等为主的经济林(见图8-2、图8-3),实现生态效益与经济效益"双丰收"。

图 8-2　板栗林

图 8-3　核桃林

（2）建设滩地防护林带

滩地是陆地生态系统与水生生态系统交错区，为平原河床季节性淹水的微地形，有双重性，是具有多种生态功能的独特的生态系统。滩地造林是根据生态经济学原理与生态工程的方法，探索建立起以林为主，林—农、林—农—牧—渔为辅的体系。

①林—农模式

这种造林模式适用于丹江流域内的地下水位不高，常年处于洪水线以上的滩地。造林树种主要选择耐水湿的池杉、水杉或意杨，造林密度一般为 110 株/亩，林下间种农作物，冬季为麦类、油菜，夏秋季为豆类、花生等。低洼积水处可种植单季水稻。可充分利用林下隙地空间，达到以耕代抚、增产增收的目的，如图 8-4 所示。

图 8-4　林—农模式

②林—农—牧—渔模式

沿江区是钉螺的滋生地，而且是吸血虫病易发地区，在丹江流域的高处种植池杉、水杉、枫杨等 2～3 年生苗木，采用块状混交造林，林下间种油茶、小麦等；低洼滩地，蓄水深的地方可养鱼，较平坦的地方种植草，养殖牛等，建立起林—农—牧—渔复合体系，具体如图 8-5 所示。这样不仅使滩地得到合理的开发利用，又收到了抑螺防病的效果，同时又增加了农民的收入，实现了生态效益、经济效益、社会效益"三赢"。

（3）建设道路绿化植被带

丹江流域内，铺草皮这种植物防护措施用于公路下边坡的防护。铺草皮是将培育好的生长优良健壮的草坪，用平板铲或起草皮机铲起，运至需防护绿化的坡面，按照一定的

图 8-5　林—农—牧—渔模式

规格重新铺植,使坡面迅速形成草坪的护坡绿化技术。它具有成坪时间短、护坡功能见效快、施工季节限制少的特点,如图 8-6、图 8-7 所示。

图 8-6　铺草皮

图 8-7　道路绿化

①适用条件

铺草皮适用于各种土质边坡,特别是坡面冲刷比较严重、边坡较陡(可达 60°)、径流速度达 0.6 m/s 的情况。

②种植方式

丹江流域内铺草皮的方式可以采用平铺、平铺叠置、竖铺(垂直于坡面)、斜交叠置,以及采用网格式即用浆砌石、片石等铺砌成方格或拱形边框、方格内铺草皮等,各自的适用条件见表 8-2。

表 8-2　铺草皮方法及适用范围

铺设方法	边坡坡度	冲刷流速(m/s)
平铺	<1:1.5	<1.2
平铺叠置	>1:1	<1.2~1.8
竖铺(垂直于坡面)	<1:(1~1.5)	<1.2~1.8
斜交叠置	<1:1	>1.2~1.8
网格式	<1:1.5	

铺草皮时应自下而上,并用竹木小桩将草皮钉在坡面上,使之稳定。草块的厚度为5~10 cm,坡面要预先整平,若土质太差,则需要铺一层10~15 cm的种植土,草皮应随挖随铺,注意相互贴紧。移植草皮时尽可能选取在春秋两季或雨季进行,不适宜在冰冻时或解冻时施工。

(1)在立地条件较差,坡度在35°以上的坡面,采取封育措施治理,并辅以飞播和撒播造林,增加林草植被,改善生态环境。

(2)在立地条件较好,海拔800 m以上的坡面,沿等高线营造以落叶松为主的乔木防护林。

(3)在海拔800 m以下的坡面,沿等高线营造以油松、刺槐为主的乔木防护林和以核桃、板栗为主的坡面经济林。

(4)将立地条件较好的农地退耕植果,间种粮食作物,发展高效益的经济林地。堰埂、地边、墙根等边角碎地发展以花椒、香椿为主的经济林。

(5)在沟道、水路两旁栽植以杨树为主的防护林,留淤造田,改善环境。

(6)在河滩,种植沙棘等植物来防护。

(7)在公路两旁,种植草皮,采取纯植物措施。

8.2.1.2　工程模式

丹江流域内生态修复中的工程模式主要包括建设水平梯田、坡式梯田,建设谷坊群,形成梯田作物带、谷坊梯级防护带。

(1)建设梯田作物带

丹江流域生态修复根据坡度不同,采用临界坡度相关法对坡度进行分级。根据土壤侵蚀强度面蚀分级指标,<5°的地势平坦区域基本上无侵蚀;5°~15°属于中度侵蚀;15°~25°侵蚀渐趋加剧,属于强度侵蚀。25°是土壤侵蚀方式的一个转折点,也是国家退耕还林的临界点。

因此,丹江流域内,将15°~25°的坡耕地改成水平梯田,将5°~15°的坡耕地改成坡式梯田,变"跑水、跑土、跑肥"的"三跑地"为"保水、保土、保肥"的"三保地"。

①建设坡式梯田

丹江流域内,坡度在5°~15°的耕地土层很薄,虽然坡度很缓,但坡面很长,水土流失也很严重。如果修筑水平梯田,把底土翻挖到田面上,会造成农作物减产,甚至不能耕作。在这种情况下,就需要修坡式梯田。

在一个坡面上,种植小麦、玉米等农作物,从上到下,每隔20~40 m,顺等高线修一道土埂,埂高40~50 cm,顶宽30~40 cm,这样,一个长的坡面被截成若干段,选择药用价值较高且喜阴性的药用植物如连翘、桔梗、黄姜、西洋参等栽植,水土流失可以大大减轻。同时,结合每年的农事耕作,向下方翻土,田面坡度还可以逐年减缓,若干年后可以逐渐变成水平梯田,如图8-8、图8-9所示。

②建设水平梯田

丹江流域内,对15°~25°的土质较好,土层厚度大于或者等于0.5 m,距离村庄比较近且靠近水源的山坡,修建水平梯田。水平梯田的特点是不论田面是宽或窄,直或弯,带

图 8-8　坡式梯田

图 8-9　农—药相间

状或小块状,都是依等高线呈水平状态,田埂的宽窄根据土壤性质而定,一般为 8 ~ 10 m。田埂坡度不宜太陡,也不宜太缓,太陡虽省地,但易坍塌,太缓则占地面积大,如图 8-10 所示。

(a)

(b)

图 8-10　水平梯田

水平梯田对一般降水可以就地拦蓄,对暴雨可拦蓄径流 92.4% 以上,控制泥沙 87.6% ~ 95%。

(2)建设谷坊梯级防护带

对于各级沟道,采用修建谷坊来防治水土流失,保护生态环境。根据丹江流域的沟道比降、宽度、沟道坡壁等的实际情况,布设土谷坊和浆砌石谷坊。

①土谷坊群

对于丹江流域内支毛沟坡度在 15° 以下,宽 2 ~ 5 m,沟道坡壁无崩塌、滑坡危险的,均布设土谷坊,且应将土谷坊布设在沟道顺直的位置,间距按照式(8-1)计算:

$$I = \frac{h_0}{i - i_0} \tag{8-1}$$

式中　I——谷坊间距,m;

　　　h_0——谷坊高度,m;

　　　i——原沟床比降(%);

　　　i_0——淤泥比降(%)。

其中,谷坊高为 1 ~ 4 m,顶宽为 1 ~ 1.5 m,内外坡比为 1:1,修建时必须有一定的规模和数量,自上而下,层层设防,构成体系,节节拦蓄,发挥群体功能。

另外,丹江流域内土谷坊淤出来的地,可用于种庄稼或者栽种速生树或经济林以及药用植物等。

②浆砌石谷坊群

丹江流域内,在主干沟,尤其在石料充足或水流冲刷力大的沟道以及沟窄水急的沟道中修建浆砌石谷坊群,如图 8-11 所示。

(a)　　　　　　　　　　　　　　　　　(b)

图 8-11　浆砌石谷坊群

8.2.1.3　生态与工程相结合模式

丹江流域生态修复模式中,在土壤条件差、坡度较大的山坡实行鱼鳞坑整地的方式以及公路两旁的边坡采用框格植草护坡属于植物措施与工程措施相结合的生态修复方式。

（1）鱼鳞坑

丹江流域内,对于地形破碎、土层较薄,土壤条件差,自然修复植被能力强,坡度在15°~25°的山坡,采用翼式鱼鳞坑整地的方式,见图 8-12。翼式鱼鳞坑由水平集水沟和鱼鳞坑复合而成,鱼鳞坑两侧有集水沟,外侧高而内侧低,沟内形成坡度,外端高而内端低,使径流截止于集水沟并汇集于鱼鳞坑栽植穴。在同一高度相邻的集水沟间,保留原状土形成径流分界;相邻两层间保留原有植被。

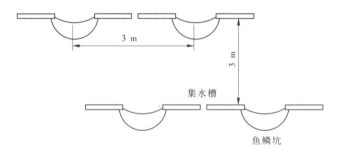

图 8-12　翼式鱼鳞坑平面模式

丹江流域内,鱼鳞坑沿等高线排列,自上而下交错修筑,是为了提高土壤的蓄水能力,增加土壤蓄水量,鱼鳞坑深度宜大,取为 30~40 cm;鱼鳞坑面宽为 50 cm。鱼鳞坑整地时,将表土堆于坑的上方,心土置于下方,表土回填入坑,坑面呈反坡。集水沟长度为 100

cm,深度为 20 cm,挖出的表土堆于鱼鳞坑的栽植穴。水平集水沟与鱼鳞坑内蓄水坑相连通,外缘用石块沿鱼鳞坑筑成埂沿,比土面高约 10 cm。

（2）宾格护坡

丹江流域内,公路的上边坡采用框格加植草这种植物措施与工程措施相结合的措施。因为上边坡不易养护,坡度较陡,不利于植物生长,靠边坡自然降水维持植物生长比较困难,水分难以保持,植被成活率较低,因此采取框格措施与植草措施相结合的防护措施。

丹江流域内,框格防护即用混凝土或浆砌石等材料,在边坡上形成骨架,有效防止在坡面水冲刷下形成冲沟,同时减缓了水流速度,并种植草,美化了环境,具体见图 8-13。

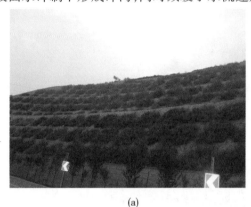 

(a)　　　　　　　　　　　　　　　(b)

图 8-13　宾格护坡

（3）V 形梯式护坡段

在坡度较陡区域可采用新型护坡结构,如图 8-14 所示,沿坡面设置 3 个 V 形台阶,在凹槽内填入泥土并种植藤类开花植物。这种护坡方式的优点是生态环保、美观,雨水冲刷下来的泥土会被下层接住,从而防止水土流失,提高护坡的安全稳定性。这种护坡种植技术在国内是首创,是笔者借鉴日本鬼怒川水库大坝坝肩山体生态护坡形式,在对宝汉高速公路汉中段山体护坡设计中应用的一种形式,它同样适用于丹江流域水土保持与生态修复,建成后可以起到很好的典范作用。

8.2.1.4　生态移民模式

丹江流域内,根据保护水源地的需求以及当地的实际情况,采取相对集中安置、区域性整体搬迁和建设中心村三种形式。

（1）相对集中安置

对丹江流域内居住相对分散的农民,采取相对集中安置的方式,将居住相对较近的住户集中在一起,如图 8-15 所示。这种方式保持原有的村、组建制基本不变,原有社会关系网络基本得以保持,社区文化环境基本相似,有利于移民心理上的稳定和迁移安置的顺利进行;基层生产组织不变,有利于发挥组织管理作用,移民可以尽快在安置区安定生活、开展生产;可以降低安置成本;有利于农村的小城镇建设;有利于公共设施的充分利用。但是相对集中安置要求安置区必须有丰富的土地资源,能够调整出成片的土地或有成片的土地可供开垦。

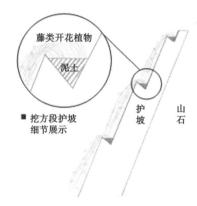

图 8-14　V 形梯式护坡

图 8-15　相对集中安置

(2)区域性整体搬迁

对丹江流域内的整体迁移户采取整体规划、集中建设、就地上楼的方式。改变以前的一家一户、独门独院的居住结构,建设楼房,充分利用空间,节省土地,以搞好绿化或发展种植业等。建设一批社区化新农村,规划要科学,农村基础设施和公共服务设施要完善。另外,政府出台相关政策及提供优惠措施,鼓励支持年轻一代通过外出务工及升学等途径,在外地就业,形成自然移民。

以丹江流域内商洛市清水沟为例,清水沟居民居住在海拔 1 400 m 的高寒边远山区,资源匮乏、生存环境恶劣,而且乱砍滥伐,破坏生态环境,因此将其整体迁出,如图 8-16、图 8-17 所示。

(3)建设中心村

对丹江流域内的零散住户,选择合适的地点,实行村庄合并,可以充分利用就地上楼这种方式。所谓就地上楼,即将此区域内宅基地上的农村居民统一搬迁到利用该区域宅基地建设的楼房上,解决居住的问题,而后将腾出的土地用作商业开发或者发展种植业等,产生收益,农民从中分享,如图 8-18、图 8-19 所示。

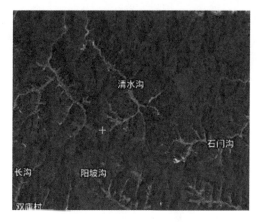

图 8-16 区域性整体迁移卫星图

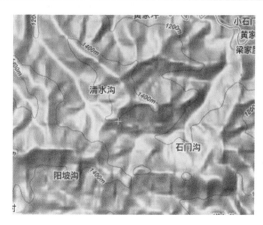

图 8-17 区域性整体迁移地形图

图 8-18 就地上楼

图 8-19 建设中心村

8.2.2 河道内区域

对江河流域河道内区域的生态修复在流域生态修复以往的研究中往往不被重视,但就目前来说河道内区域的生态修复,由于混乱的河道挖沙采石和盲目的河道裁弯取直,以及河道治理中的单纯硬化衬砌,造成河流自然状态的破坏,在江河流域的生态修复中更值得去探究河道内区域的修复模式。笔者在分析借鉴国内外相关流域生态修复研究成果基础上,对丹江流域的生态修复按照河道外区域和河道内区域进行细化,提出了在河道内区域通过生态堤防、生物措施、水库优化调度、封堵排污口四种措施进行修复的模式。

8.2.2.1 生态堤防

原来堤防的建设,仅是加固堤岸、裁弯取直、修筑大坝等工程,满足人们对于供水、防洪、航运的多种经济要求。但这些工程对河流生态系统可能造成不同程度的负面影响:一是自然河流的人工渠道化,二是自然河流的非连续化。对于丹江流域的城市段,可以采用截弯取直,人为改变河道形状;对于非城市段,恢复天然河道的原状,保持天然河流的蜿蜒弯曲。

8.2.2.2 生物措施

丹江流域内水生生态系统和河岸生态系统均遭到破坏,生物多样性降低,生物量锐减。为了修复受损的河流生态系统,改善流域水环境现状,必须对其进行生态修复。在保护丹江鱼种的基础上,向丹江流域内投放人工鱼虾苗等,如图 8-20 所示,例如,投放鲤鱼、鲫鱼、鲇鱼、虾等,并且可以根据丹江流域的特点养殖植物,保持丹江流域河流的生物多样性,从而提高河流水环境的承载力,减少水质污染,为南水北调(中线)工程提供优良水质的水。

图 8-20　投放人工鱼虾苗

8.2.2.3　水库优化调度

人与河流唇齿相依,河流的健康生命与人类的发展休戚与共。水是河流生态系统最重要的组成介质,丹江流域作为南水北调(中线)的源头,更应该保证水量充足,更应该珍惜丹江生命,呵护丹江健康,让丹江生生不息,健康流淌,只有这样才能保证南水北调(中线)工程的顺利调水。对于丹江流域大大小小的若干座水库,应该实行优化调度,如图 8-21 所示,保证丹江河道的水量充足,应该杜绝大量调水,使得水量失去平衡,不能保证南水北调(中线)工程的调水量,进而阻碍北京、天津、河南等地区的发展。

图 8-21　水库优化调度

8.2.2.4　封堵排污口

丹江流域内由于矿产资源丰富,流域内有小秦岭矿区、其他矿山企业以及城镇周边和附近采石、取土、挖沙场所,基本建设项目多,排放大量的工业废水和生活污水,工业废水的污染物浓度高、含盐量高、有机有毒物质含量较高,生活污水含有较高浓度的氮磷营养物质及大量的营养盐、细菌、病毒等,对水质污染较大。丹江流域内采取封堵所有排污口的措施,如图 8-22 所示,减少生活和生产污水的排放,并建设污水处理厂,将工业废水和生活污水处理变成中水再加以利用,既减少了污水的排放,保证了丹江流域的水质,同时又充分利用了废水,节约用水。

(a)　　　　　　　　　　　　　　　　(b)

图 8-22　封堵排污口

同时,在丹江流域采取底泥疏浚技术措施,清除淤泥,即清除各种藻类的营养土壤,减少营养沉积物以及有毒物质,以净化水质,从根源上来消除藻类这种污染源,防止产生富营养化;另外,增设湿地公园,种植对污染物吸收能力强、耐受性好的植物,可以选用以芦苇为主、生长速度快、管理简便、生态效应好的植物。

8.2.3　"二·四五·四"模式特点分析

(1)与传统生态修复模式相比更注重实现可持续发展

与传统生态修复模式相比,本书给出的丹江流域生态修复模式充分考虑了浅山川道地区与中、高山地区,经济发达区与落后地区之间的差距,提出了适应各自不同地区的生态修复模式,保证各个地区的发展平衡,以实现可持续发展。

(2)解决了传统生态修复模式治理措施单一的问题

传统生态修复模式中主要针对面蚀问题进行治理,措施较为单一,综合防护效益低,对于滑坡、泥石流等侵蚀强度较大、产沙量高、治理难度大的特殊水土流失类型研究不够。而丹江流域生态修复模式针对这些特殊问题都一一列出并提出相应的调控优化措施,解决了传统生态修复模式中的治理措施单一的问题。

(3)与传统生态修复模式相比更加注重生物措施的应用

传统生态修复模式重工程措施、轻生物措施,而且造林树种较为单一,集中表现在沟道治理与坡面治理中,如沟道治理中的河堤、道路等措施。而丹江流域的生态修复模式重生物措施,尽可能地依靠生态环境自身的调节能力进行生态修复。

8.3　丹江流域生态修复中的特殊问题

丹江流域生态修复模式研究中坚持"点面结合"。"面"的生态修复措施主要防治大范围的水土流失、生态破坏,而"点"的生态修复措施则是从小处、细节着手,着重指出丹江流域治理中出现的问题及优化调控措施,保证生态修复实施效果。下面进行详细叙述。

8.3.1　山脚坍塌

在丹江流域生态修复中,由于修复时间较长,缺乏管理,山脚出现坍塌现象,大量土石坍塌,如遇下雨,必造成大量的水土流失,同时造成人员伤亡、财产损失等严重后果,且影响生态修复效果,如图8-23、图8-24所示。

图8-23　山脚坍塌

图8-24　土石坍塌

8.3.2　过度开垦

在过去流域治理过程中,忽视了对土地的合理利用。在丹江流域内的某些地方,为了种植农作物,不惜开挖山坡,使得坡脚基本呈90°。若遇到下雨,形成滑坡,不仅毁坏庄稼,而且加重水土流失量,污染水源,如图8-25、图8-26所示。

图8-25　开挖山坡

图8-26　过度开垦

8.3.3　严重冲刷

在碾子沟小流域治理中,小型坝的底部、两边冲刷严重。特别是有些河流的两边已经被淘空,冲走了大量的泥沙,造成了水土流失,污染水质,如图8-27、图8-28所示。

图 8-27　河流底部、两边冲刷

图 8-28　河流两岸冲毁

8.3.4　空巢浪费

笔者在调研过程中发现,丹江流域内出现"空巢",空置房较多,长期无人居住,占据土地,且大都为破旧房屋,年久失修,造成了土地浪费,使得土地的利用率下降,如图 8-29、图 8-30 所示。

图 8-29　空置房

图 8-30　房屋空置

8.3.5　居住分散

笔者在调研过程中发现,丹江流域内村落建设没有做规划,导致户与户之间居住分散,且有一定距离,没有公用一墙来节省空间和土地,这样就造成了土地的浪费,如图 8-31、图 8-32 所示。

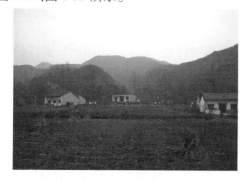

图 8-31　居住分散

图 8-32　户户之间间隔大

8.3.6 岩体裸露

在丹江流域生态修复中,由于雨水、洪涝灾害、泥石流等的侵蚀及风化作用,岩体裸露,若遇到暴雨,形成泥石流,造成人员伤亡,农作物被毁坏,水土大量流失,如图8-33所示。

(a) (b)

图 8-33 岩体裸露

8.3.7 河道破坏

河流生态系统是一个复合系统,其生态健康受水文、地形、动力等诸多因素影响。丹江流域内部分地段水流较急,部分河岸冲刷严重,严重变形;另外,丹江流域内部分地段出现断流现象,除此之外,由于丹江流域沿岸工厂较多,排放废水、污水,污染较为严重,居民生活产生大量的废水,因此丹江流域水质下降。

8.4 丹江流域生态修复中特殊问题的优化调控措施

针对丹江流域生态修复中发现的诸如山脚坍塌、过度开垦土地、河流底部等遭严重冲刷、空巢浪费、居住分散、岩石裸露等问题,分别提出了加固边坡、退耕还林还草、加固防护、退宅还田、就地上楼、客土喷播等措施进行优化调控。

8.4.1 加固边坡

在本次丹江流域生态修复过程中,针对山脚坍塌的问题,采取边坡加固措施,对于较为严重的坍塌或者较为破碎的山脚,采用工程措施进行加固,如图8-34所示,如利用浆砌石或者混凝土浇筑并打锚杆及钢筋网做进一步的加固处理;对于坍塌不是很严重或者没有处于破碎带的山脚,采用生态措施与工程措施相结合的措施进行处理,如利用宾格种植植被或者直接铺草皮的方式。

8.4.2 退耕还林还草

针对丹江流域生态修复中出现的过度开垦的问题,提出退耕还林还草及加固坡脚的

图 8-34 加固边坡

对策。坡脚采用生态措施与工程措施相结合的措施加固,如利用宾格护坡并种植草皮的方式,在种植耕地的平缓地种植灌木林,如图 8-35 所示,减少水土流失,保护丹江流域内的生态环境。

(a) (b)

图 8-35 退耕还林还草

8.4.3 加固防护

针对丹江流域中出现的河流的底部、两边遭到严重冲刷的问题,加强河道、水文观测,掌握河势变化情况,加快河道整治步伐,采用混凝土进行防护,如图 8-36 所示,防止水流带走泥沙,进一步污染水源。

8.4.4 退宅还田

针对丹江流域内出现的空巢现象,由于房子长期空置,无人居住且多为破旧房屋,不满足居住条件,因此采取将空置房拆除,给房主一定补偿的措施,空置出来的土地可以用作耕种,种植农作物等,充分利用土地,增加当地农民的收入,提高其生活水平,如图 8-37 所示。

8.4.5 就地上楼

针对丹江流域生态修复中出现的居住分散现象,丹江流域生态修复中采用就地上楼

图 8-36　加固防护

(a)　　　　　　　　　　　　　　(b)
图 8-37　退宅还田

的方式,集中盖一批楼房,让村民集中居住,腾出来的土地可以作为耕地,增加农民的收入,更加合理地利用土地,如图 8-38 所示。

(a)　　　　　　　　　　　　　　(b)
图 8-38　就地上楼

8.4.6　客土喷播

　　针对丹江流域生态修复中出现的岩石裸露的问题,提出用客土喷播的方法来恢复绿色。具体做法为:先用钢丝网把整个山体罩住,然后把由植物纤维、保水剂、肥料、植物种子配比而成的土壤喷在裸露的岩石表面。20 天后,土壤里的种子可以发芽,2 个月基本可以长成草坪,如图 8-39、图 8-40 所示。

图 8-39　铺钢筋网

图 8-40　客土喷播

8.4.7　河流健康生命

针对丹江流域出现的河岸破坏、冲刷严重的问题,提出减少人类活动的干扰,进行污水处理,采用砌石、混凝土或钢筋混凝土等硬性材料对河岸进行修复,并对底泥清除疏浚,建设人工湿地,适度保证河道的自然状态等。同时,应该对丹江流域的水库群进行系统优化调度,合理利用水资源,以保证丹江流域的健康生命力,有优质水质的水送至北京、天津、河南等受水区。

第9章　南水北调(中线)工程商洛水源地补偿管理体系研究

南水北调商洛水源地补偿机制的实施离不开科学有效的管理体系。本章通过分析现状,结合实际情况,论述补偿管理体系的构建,以达到科学有效制定补偿政策及管理资金的目的。

9.1　我国水源地补偿管理现状

我国目前的区域间水源地补偿还处于非制度化的自发阶段。水源地补偿管理实施机构缺失,地方机构更为缺失,要通过博弈性的合作实现地方利益的最大化,促进区域的协调发展,必须建立跨行政区的区域协调管理机构和建立长效机制。

9.1.1　我国现有的生态补偿政策

目前我国的生态补偿政策制定、落实不足。我国现有的生态补偿政策有着非常明显的行业特色,但是从国家和地方两个层面上来说都没有统一的生态补偿政策。表9-1是我国现有的生态补偿政策。

表 9-1　我国现有的生态补偿政策

生态补偿政策	实施时间	制定部门	实施区域	说明
《关于环境保护若干问题的决定》	1996 年	国务院	全国	确定了污染者的责任原则,要求必须进行生态补偿
《森林生态效益补偿基金征收管理暂行办法》	1995 年	财政部、林业部	全国	
《中华人民共和国森林法》	1998 年	全国人大	全国	森林生态效益补偿基金
《农村沼气建设国债项目管理办法(试行)》	1999 年	农业部	全国农村	规定对农村沼气建设给予补偿
《小型农田水利和水土保持补助费管理规定》	1998 年	水利部	全国农村	对农村小型水利和水土保持的补贴纳入国家预算
《关于在西部大开发中加强建设工程环境保护管理的若干意见》	2001 年	国家环保总局	西部 12 个省(市、区)	对重要生态用地实行"占一补一"
《矿产资源补偿费管理使用办法》	2001 年	财政部、国土资源部	全国	规定了对收取的生态补偿费的使用范围

续表9-1

生态补偿政策	实施时间	制定部门	实施区域	说明
《中华人民共和国矿产资源法》	1998 年	全国人大	全国	明确规定了对矿产资源的开发收取生态补偿费
《对三峡库区和三峡移民进行生态补偿》	2002 年	国务院	三峡库区三峡移民生态补偿	
《退耕还林条例》	2002 年	国务院	全国	
《关于落实科学发展观加强环境保护的决定办法》	2005 年	国务院	全国	

9.1.2　我国现有补偿管理中存在的问题

目前我国还没有专门的补偿管理机构,补偿管理的职能由一些传统的行业部门所承担,从补偿管理角度出发,这些"兼职"机构还存在不少问题,概括为以下六点:

(1)管理职责交叉,补偿效率低下

目前我国以"行业部门主导"的政策设计导致责任主体不明确,缺乏明确的分工,生态保护效率低下,生态保护区居民受益少,贫困人口多。生态补偿是区域补偿,但现有生态补偿政策普遍带有较强烈的部门色彩,生态环境保护管理涉及林业、农业、水利、国土、环保等部门,由于职责交叉,缺乏明确的规定,所以在监督管理、整治项目、资金投入上形不成合力,影响生态环境保护工作的开展,区域补偿很大程度上成为部门补偿,造成生态保护与受益脱节的现象。

(2)补偿后续不足,缺乏长效机制

从目前我国实施的生态补偿相关政策来看,很多都是短期性的,缺乏一种持续和有效的生态补偿政策。像退耕还林、退牧还草,生态公益林补偿金等是最具有生态补偿含义的政策,其核心和出发点都是希望通过对为生态保护作出牺牲和贡献的农民、牧民等直接利益相关者进行经济补偿而实现保护和改善生态环境的目标。但是这些政策大多是以项目、工程、计划的方式来组织实施的,因而也都有明确的时限,导致政策的延续性不强,给实施效果带来较大的变数和风险。

(3)行政色彩浓厚,制度建设不足

由于生态补偿部门行政色彩浓,不能完全依理、依法进行,导致了补偿不到位,或者补偿受益者与需要补偿者相脱节的问题。补偿标准"一刀切"、补偿标准低,补偿不足和过度补偿并存,补偿标准政策执行中存在不均衡和不公平,影响了生态保护区居民生计,进而影响国家相关政策的落实与实施,比如影响到南水北调在水源地的调水量、调水水质。

(4)筹资渠道有限,资金管理效率低下

资金筹集、支付管理效率低下。从目前情况看,我国现有的补偿资金更多地依赖公共财政的转移支付,而现有的转移支付环节多、行政干预大等因素使得支付力度不够,造成

"洋蒜皮"现象。同时,我国现有的公共财政支付能力很有限,其他渠道资金来源规模在补偿资金中所占比例很小,这也是目前我国补偿面临的最大瓶颈。

(5)地方管理缺失,中央压力过大

在现行的各种生态补偿体系中,地方政府参与不足,导致中央政府压力过大。生态补偿是国家以及项目受益者向生态区进行的补给。但由于补偿体系不健全,补偿对象群体庞大、范围宽广、补偿要求差异等因素导致中央补偿压力大,补偿落实程度低等现象。同时税收措施少,收费缺少科学依据,中央财政压力大。现行税制中目前只有少量的税收措施零散地存在于增值税、消费税等税种中。针对生态环保的主体税种不到位,相关的税收措施也比较少,并且规定过粗,这些税种设计之初对生态环保考虑得很不充分,缺乏系统性和前瞻性。

(6)群众参与不足,没有因地制宜

生态补偿政策的根本目的是调节生态保护背后相关利益者的经济利益关系,因此涉及众多利益相关者。然而,在现行生态保护政策的制定过程中,常常缺乏相关利益者广泛参与机制。所以,现行政策更多地体现了中央政府的意志,却不能充分体现地方政府和生态保护区相关利益方的利益。由于各地自然条件和人文资源不同,补偿对象的认定需要因地制宜,充分考虑地区之间的差异。

9.2　南水北调商洛水源地补偿运作管理现状

通过调研分析,对商洛水源地的补偿运作从管理现状和存在问题两个方面进行了论述。

9.2.1　管理现状

目前,南水北调商洛水源地辖区内没有专门的补偿协调管理机构,没有相应的管理制度,而是采用以行业部门、行政手段为主的管理运行体制,水利、环保、林业等部门各自为营编制、上报水源区补偿规划,不能形成合力来呼吁受水区对水源区进行有效、长期的补偿(见图9-1)。没有形成有效的补偿管理协调机制,导致管理局面混乱,补偿管理缺失,艰巨的补偿任务和真空的补偿管理形成明显的对比。

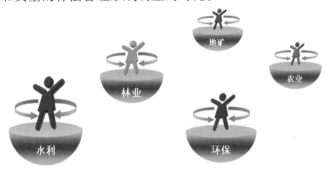

图9-1　商洛水源地补偿协调管理现状

9.2.2　存在问题

结合商洛水源地现有的补偿管理实施状况,通过总结分类,该地区存在问题如下:

(1)生态补偿认识不足,思想意识缺乏统一

根据实地调查,目前南水北调商洛水源地辖区的民众对实施生态补偿认识严重不足。这也是目前商洛南水北调实施补偿管理所面临的群众理解基础缺失的挑战,补偿的主体对补偿意义认识不足,缺乏统一的思想认识。

(2)统一管理机构缺失,管理协调形成真空

在商洛地区,目前没有一个统一的生态补偿协调机构,更没有南水北调补偿协调机构。因此,在多个部门参与补偿相关工作的情况下,由于部门的行业性和管理的有界性,目前的补偿管理存在很大间隙以及部分职权的重叠,不能有效地为补偿的运行提供协调管理,而且从某种角度上来说,阻碍了补偿机制的有效落实。

(3)管理协调制度缺失,补偿管理无章可依

除没有统一的补偿管理协调机构外,还没有相关的管理制度。南水北调商洛水源地辖区补偿工作存在以部门、行业为特点的运行现象,各部门的补偿仅按照本部门的相关规章制度实施,没能因地制宜,建立统一的制度。

(4)补偿资金管理不足,人才队伍有待加强

商洛水源地补偿资金管理力度不足。商洛水源地补偿工程中资金支付转移是重要的补偿方式,现有的管理体制缺乏有效统一的支付制度、流程,缺乏透明度,缺失资金支付后跟踪体系,使得资金支付渗透力度不足,到主体补偿对象手中的资金严重缩水。

补偿管理投入不足,人才队伍建设滞后。面对补偿群体庞大、补偿范围宽广、补偿信息量大、补偿环节复杂、跨专业跨行业管理需求,商洛地区目前现有的管理投入、人才支持不足,不能有效地为补偿实施保驾护航。

9.3　南水北调商洛水源地管理运行设计

区域生态效益的经济补偿必须是通过区域有关组织、制度进行的。实施生态补偿就是将原来对立的相互损害的主体转化为一致的相互促进的利益主体。借鉴西方国家的实践,结合我国的实际情况,要有效实施区域间的生态补偿机制,必须设立补偿体系多层面的制度性组织机构,实行多层面的协调互动。

9.3.1　组建专门机构

专门机构是为保障专项工作的有效运行而组建的单位。本节论述的是专门机构的组建依据和机构设置等问题。

9.3.1.1　组建依据

组建依据是现行建设管理状况。在上节对管理现状、存在问题的综合分析的基础上,遵循运行合理、公正透明、统筹兼顾、及时有效的原则,作为南水北调商洛水源地补偿管理协调机构的组建依托或者依据,以建立补偿协调管理体系。

（1）遵循国家现行政策方针

政策是国家或者政党为了实现一定历史时期的路线和任务而制定的国家机关或者政党组织的行动准则。而方针则是指导事业向前发展的纲领。商洛水源地补偿管理体系的建立必须严格遵循国家现行政策方针，以及行业、区域的发展规划等。

（2）依据国家相关法律法规

法律即人类在社会层次的规则，社会上人与人之间关系的规范，以正义为其存在的基础，以国家的强制力为其实施的手段。广义的法律是指法的整体，包括法律、有法律效力的解释及其行政机关为执行法律而制定的规范性文件（如规章）。狭义的法律专指拥有立法权的国家机关依照立法程序制定的规范性文件。法规指国家机关制定的规范性文件。如国务院制定和颁布的行政法规，省、自治区、直辖市人大及其常委会制定和公布的地方性法规。省、自治区人民政府所在地的市，经国务院批准的较大的市的人大及其常委会，也可以制定地方性法规，报省、自治区的人大及其常委会批准后施行。

（3）结合南水北调水源地补偿的实际情况

"一切从实际出发"，就是我们想问题、办事情要把客观存在的实际事物作为根本出发点。坚持从实际出发，就是坚持主观要符合客观，人们的思想意识要如实地、正确地反映客观存在的实际情况。不能客观符合主观，不能用人们的主观意识来取舍或剪裁客观存在的实际情况。这里的"实际"，非片面的实际，而是许多事实的总和，是多方面的客观实际；非静止不变的实际，而是不断变化发展的实际。

（4）借鉴国外水源地补偿管理实践经验

经验是指人们在同客观事物直接接触的过程中通过感觉器官获得的关于客观事物的现象和外部联系的认识。辩证唯物主义认为，经验是在社会实践中产生的，是客观事物在人们头脑中的反映，是认识的开端。经验对实践活动具有一定的借鉴和指导作用，结合国外先进的生态流域补偿管理机制（如德国、美国和哥斯达黎加的流域生态补偿管理机制）的实践经验，发挥更大的管理绩效。

9.3.1.2 机构设置

南水北调（中线）商洛水源地协调管理办公室是南水北调商洛水源地协调管理领导小组的办事机构，承担协调、管理南水北调商洛水源地补偿、保护的行政管理职能。南水北调（中线）商洛水源地协调管理机构示意图如图9-2所示。

（1）主要职责

①贯彻落实国家、省、市政府关于南水北调工作的有关方针政策，执行省、市领导的决定，负责辖区内的生态补偿事宜。

②负责协调环保、水利、农林等部门关于南水北调商洛水源地补偿事宜的具体工作。

③承办市政府及市南水北调工程建设管理领导小组交办的其他事项。

（2）内设机构

①规划办，负责编制《南水北调商洛水源地补偿专项资金建设项目规划》；汇总南水北调（中线）工程对商洛水源地的社会经济发展影响数据，制定补偿具体事项。

②财务办，负责国家和受水区对商洛水源地补偿的转移资金支付以及相关经济交往；负责商洛水源地的具体补偿资金的发放；负责南水北调（中线）商洛水源地协调管理办公

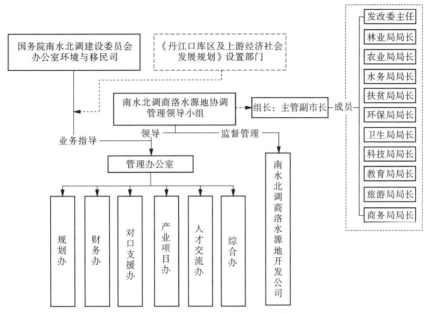

图 9-2　南水北调(中线)商洛水源地协调管理机构示意图

室日常财政开支。

③对口支援办,负责商洛水源地对口支援办法、政策的制定,对口支援规划;负责联络、接洽来自受水区的对口支援项目;负责商洛水源地贫困人口的信息汇总、安置;负责组织商洛水源地的生态移民安置。

④产业项目办,负责制定南水北调商洛水源地产业调整规划、制定产业项目补偿的具体事项;负责引进、接洽来自受水区的产业项目补偿。

⑤人才交流办,负责联系、组织南水北调商洛水源地有关劳动力转移事务;负责南水北调商洛水源地的人才引进、培训。

⑥综合办,负责组织研究、协商拟定南水北调商洛水源地有关政策和管理办法;负责组织实施机关有关规章制度、会议组织、文电管理、秘书事务、机要保密和档案管理等工作;组织南水北调商洛水源地补偿宣传,参与组织与环保、水利等部门进行重大宣传活动;负责机关和直属单位机构编制、人事管理、工资和培训等工作,承办机关党委的日常工作。

⑦南水北调商洛水源地开发公司,以政府领导、市场运作的形式参与水源区项目建设开发。

9.3.2　健全管理制度

本部分旨在以建立健全生态补偿机制为契机,加快管理机制的研究与建设。

9.3.2.1　健全法规的重要意义

补偿标准体系是生态补偿机制的一个非常重要的部分,对于采用何种补偿方式、补偿规模多大、利税分配的基础,应尽快进行深入研究,建立一套相应的生态补偿标准体系,保证补偿过程的合理性。

9.3.2.2　实施措施

通过研究，商洛水源地补偿机制应从四个方面来建立健全补偿管理制度：

（1）建立完善的补偿督导制度

建议按照组织机构设置，建立健全补偿督导制度，建立督察、指导体系，实行专人负责、全程跟踪、群众参与的补偿督导制度。

（2）建立有效的绩效考核制度

在补偿实施管理协调过程中引入绩效考核制度，提高管理团队的管理效率。绩效考核是绩效管理的关键环节，绩效考核的成功与否直接影响到整个绩效管理过程的有效性。绩效考核是指考评主体对照工作目标或绩效标准，采用科学的方法，评定员工的工作任务完成情况、员工的工作职责履行程度和员工的发展情况，并且将评定结果反馈给员工的过程。同时，引入费效管理制度，及时跟踪补偿管理团队的工作成效与管理成本的比例，及时调整团队，让管理团队效率达到最佳状态。

（3）建立完善的人才资金制度

鉴于南水北调商洛水源地补偿管理工作的艰巨性，应建立健全人才资金制度。在引进专业、高素质人才和筹措管理资金方面制定完善的、人性化的制度。通过引进、培养两条线路并行，并采用引进—再培养、培养—输出—再引进的模式加强人才建设，通过向高校借智慧、取成果的方式提高专业人才队伍建设水平；在资金方面，通过政府、市场两条线路盘活资金渠道。

（4）编制精准的补偿实施细则

编制更为精准、科学、适合本区域的补偿实施细则来指导补偿工作的顺利实施。要形成在补偿区域内再分小区域、在不同行业部门找共同点的方针，争取把补偿工作做细、做全、做高效。

9.3.3　建立信息化平台

管理信息化是实现管理目标的重要保障。针对南水北调商洛水源地补偿信息分散冗繁、管理幅度大、涉及事务广、信息化程度低的现实情况，开发出一套基于现代信息技术的专业化、集成化的项目管理信息系统是十分必要的。应用计算机、网络通信、数据库技术为支撑，对项目周期内产生的各种信息进行及时、准确和高效管理，并为建设工程项目各层次管理人员的管理和决策提供高质量的信息服务。以此可以体现对项目全生命周期集成化的、符合环境和历史的目标要求，降低项目管理成本，提高工作效率，提高业务交流的准确性、及时性。

9.3.3.1　信息化平台开发的意义

构建信息化平台是社会经济的发展对管理部门提出更多更高的要求，以及商洛水源地补偿的现实需求。应用现代化信息管理系统是提升项目管理水平的手段。对补偿者、补偿对象以及补偿运行管理者来说，其主要意义表现在以下几个方面：

（1）提高管理效率

面对南水北调商洛水源地补偿的任务艰巨以及牵扯行业多、涉及范围广、社会影响大等特点，进行管理信息化将非常明显地提高管理效率。基于 Internet 技术和 B/S 架构的补偿管理信息系统来源于先进的管理理念,采用了规范的技术体系设计,具备多种先进的管理功能,从成本、合同、进度、招投标、资金、质量、安全等多方面对工程项目进行严格管理,有效地提高了管理效率,并且吸收了多种先进技术,实现多项先进的技术功能,形成优良的产品框架。管理人员可以随时了解工程进展情况,并根据进展情况做出调整,很大程度地提高了项目管理水平。

(2)降低管理成本

一方面,采用基于互联网的项目信息管理系统可以提高信息沟通的效率和有效性,从而减少不必要的工程变更,提高决策效率,带来间接成本降低;另一方面,使用基于互联网的建设工程项目信息管理系统进行项目信息的管理和沟通,可以大幅降低搜寻信息的时间,提高工作和决策的效率,从而降低成本。

(3)政务透明公开

坚持生态补偿是事关我国民生,保证现行政策稳定有效的可持续发展道路。南水北调(中线)工程商洛水源地作为其重要的水源地之一,对其进行生态补偿受到全社会的关注和支持,因此构建基于Internet的信息平台将最大化地实现政务公开透明的原则,有助于接受公众监督,实现补偿公平、公正、科学的目标。

(4)共享信息资源

建立一套基于Internet的信息管理系统可以实现将各项资源共享,有助于参与补偿各方以及社会各个方面充分开发和利用各类信息资源来更好地管理协调以及参与复杂的南水北调水源地补偿工作。同时,实现对内提高调控决策水平和管理效率,加强上下级联系,对外加强地区宣传的目标。

总之,管理信息系统是在南水北调商洛水源地补偿的实施过程中,提高补偿信息汇总、发布有效性的一个重要手段,可使南水北调补偿管理协调工作从传统的行政单一管理迈向现代市场信息与行政手段相结合的管理,有助于管理部门提高决策水平,有效降低沟通成本,提高业务交流的准确性、及时性,将促进生态补偿体制建立进程和提高行政管理水平。

9.3.3.2　信息化平台功能结构

信息系统是一个人造系统,它由人、硬件、软件和数据资源组成,目的是及时、正确地收集、加工、存储、传递和提供信息,实现组织中各项活动的管理、调节和控制。50多年来,信息系统经历了由单机到网络、由低级到高级、由电子数据处理到管理信息系统再到决策支持系统、由数据处理到智能处理的过程。一般来说,信息系统分为作业信息系统和管理信息系统两大类。管理信息系统(Management Information System)是指一个由人、计算机等组成的能进行信息收集、传递、储存、加工、维护和使用的系统。管理信息系统能实测管理部门的各种运行情况,利用过去的数据预测未来,从全局出发辅助管理进行决策,利用信息控制部门的行为,帮助管理者实现其规划目标。

相比较而言,基于B/S架构的信息系统(见图9-3)只需开发Server端的应用程序,维护方便、快捷,并且便于扩充。它不仅可以满足现有用户的需求,而且在用户数量增加后功能仍不会减弱。在项目实施过程中,参建各方只需通过浏览器便可实现大部分业务,Internet的应用减少了中间环节,大大降低了管理成本,且工作流程更加透明化,更具公平公正性。其主要特点如下：

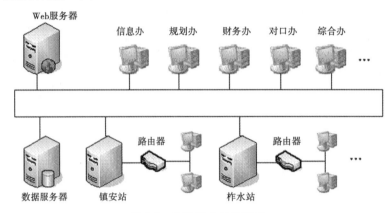

图9-3　B/S模式工作原理

（1）开放的标准

B/S所采用的标准只要在内部统一即可,它的应用往往是专用的。B/S所采用的标准都是开放的、非专用的,是经过标准化组织所确定的,而非单一厂商所制定,保证了其应用的通用性和跨平台性。由于Web的平台无关性,B/S模式结构可以任意扩展,可以从一台服务器、几个用户的工作组级扩展成为拥有成千上万个用户的大型系统。

（2）系统开发、维护和升级的经济性

采用B/S架构,既要对服务器维护管理,又要对客户端维护管理,还需要针对不同的操作系统开发不同版本的软件,这需要高昂的投资和复杂的技术支持,维护成本很高,维护任务量大。而B/S的应用只需在客户端装有通用的浏览器即可,维护和升级工作都在服务器中进行,不需对客户端进行任何改变,因而大大降低了开发和维护的成本。

（3）客户端消肿

B/S的客户端具有显示与处理数据的功能,对客户端的要求很高,是一个"胖"客户机。B/S的客户端不再负责数据库的存取和复杂数据的计算等任务,只需要其进行显示,充分发挥了服务器的强大作用,这样就大大降低了对客户端的要求,客户端变得非常"瘦"。

（4）系统灵活

B/S系统的三部分模块中有一部分需改变就要关联到其他模块的变动,使系统极难升级。B/S系统的三部分模块各自相对独立,其中一部分模块改变时其他模块不受影响,系统改进变得非常容易,且可以用不同厂家的产品来组成性能更佳的系统。另外,B/S模式借助Internet强大的信息发布与信息传送能力可提供灵活的信息交流和信息发布服务,有效地解决企业内部的大量不规则的信息交流问题。

（5）保障系统的安全性

在B/S系统中,由于客户机直接与数据库服务器进行连接,用户可以很轻易地改变服务器上的数据,无法保证系统的安全性。B/S系统在客户机与数据库服务器之间增加了一层Web服务器,使两者不再直接相连,客户机无法直接对数据库操纵,从而有效地防止了用户的非法入侵。

所构建的商洛水源地补偿信息支持平台是基于 B/S 结构的应用于补偿管理的软件产品。B/S 结构的信息平台系统是 C/S 结构的延伸,它们的网络结构基本相同,只是服务器端的功能更加分散,基本框图如图 9-3 所示。使用方只需使用浏览器即可运行该软件。

9.3.3.3 信息服务模块

信息服务模块是对外发布信息的平台。在补偿过程中,管理单位的业务透明化有助于"公平、公正、公开"原则的贯彻。该模块分为信息发布、资金支付、补偿动态、人才信息、项目支持、工程建设、调水动态等子模块。其中,信息发布子模块主要是建设管理者对参建各方发布各类工作文件、检查通知等,只对工程参建方开放;工程建设子模块是将工程建设进展、建设要闻、重点工程开工情况等面向公众发布,接受社会监督。该模块实现了对内提高调控决策水平和管理效率,加强上下级联系,对外加强工程宣传的目标。图 9-4 是信息服务模块的具体功能结构划分。

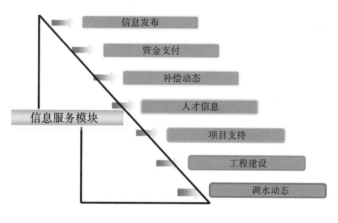

图 9-4 信息服务模块结构

9.3.3.4 系统网络架构

补偿管理系统的网络构成包括局域网交换机、智能综合布线系统、资源网络服务器、Web 网络服务器、应用系统服务站和 PC 机。

9.3.3.5 信息化平台开发举例

以南水北调(中线)商洛水源地补偿信息支持平台为例,进行实例开发。补偿信息平台将利用最先进的计算机及网络技术、信息技术、系统理论等,采用最新的管理理念,建立完整、有效的项目管理信息系统,使得系统能够在最先进的通信和网络基础平台的支持下,实时采集补偿过程中的各类信息,进行分析、处理,实现项目管理过程中的信息资源共享,实现补偿项目进程的在线管理和远程管理的目标。

本系统采用中文版 Dreamweaver MX2004 作为开发工具,采用 Access 2003 中文标准版数据库,应用 ASP(Application Service Provider)服务和运作模式,建立了项目交易管理平台。项目管理者和任何用户都可通过互联网登录系统,调用系统提供的功能与信息。系统运行界面如图 9-5 所示。

图 9-5　系统运行界面

第 10 章　南水北调(中线)工程商洛水源地补偿评价体系及保障措施

　　商洛地区作为流域的水源涵养区,为给京津地区供去一江清水,在涵养水源建设和保护中所支付的成本在整个流域内发挥着巨大效益。为了能更有效地实现其经济、社会和环境效益,科学的生态补偿评估方法是实施生态补偿、协调补偿主体和对象的基础与前提。补偿政策的实施及其评价体系的构建,将为南水北调(中线)工程商洛水源地进行水源涵养提供有力支撑和保障,在确保水质的同时也促进了商洛地区经济社会的可持续发展。

10.1　建立健全商洛水源地补偿机制评价体系

　　建立一套系统、完整的商洛水源地补偿机制评价体系,要通过评价指标的选取,使用科学的评价方法,分别建立健全南水北调补偿指标考核体系、补偿基金使用效益评价体系和补偿机制效果评估体系。

10.1.1　评价指标的选取

　　评价南水北调(中线)工程商洛水源地生态建设补偿政策,必须有一套完整的、科学的评价指标体系,它是评价的根本条件和理论基础。商洛水源地生态建设补偿评价的指标体系应该是由一组既相互联系又相互独立、并能采用量化手段进行处理的指标因子所构成的有机整体。其指标体系的建立应该遵循以下原则。

　　(1)科学性原则

　　指标体系应具有科学性,能够客观地反映商洛水源地生态补偿政策的作用及效益,能够形成内部相互联系的系统,其研究方法、资料和数据的收集都要有一定的科学根据。

　　(2)完整性原则

　　生态补偿的类型多样,因此确定其作用的影响因素或是费用效益指标时,要尽量涉及商洛水源地生态补偿的各个类型的各个方面,使指标体系具有完整性。

　　(3)代表性原则

　　生态建设补偿涉及的内容十分广泛,不可能面面俱到,要遵循简洁、方便、有效、实用的原则,选取具有一定代表性的指标,能够切实反映评价的内容。

　　(4)易获性原则

　　在指标确定时要考虑其易获性。有些指标对生态补偿政策有极佳的表征作用,但其数据缺失,不能客观地说明问题,就不能加入到评价指标体系中。

　　(5)动态性原则

　　生态补偿建设是一个动态的过程,从商洛水源地的投入(补偿)到效益的产生需要一个过程,其成本、效益也会发生相应的变化。所以,指标应及时地反映当地经济、生态系统规律,明显地展示系统的波动随着系统内要素的变化而变化。

10.1.2 评价方法的确立

在南水北调(中线)工程商洛水源地补偿机制研究中运用以下各种方法进行分析,对补偿政策实施前后的成本—效益进行分析,得出生态补偿实施前后不同生态系统的净效益,从而分析评价商洛水源地生态建设补偿政策实施效果。

(1)对比分析法

对比分析法有四种:简单"前—后"对比、"投射—实施后"对比、"有—无政策"对比、"控制对象—实验对象"对比。其中,前两种方法不存在对照组,即对政策对象本身在政策作用下的变化情况进行分析,而后两种方法则设定一个对照组,这样不仅从横向(政策对象与对照组的比较)也从纵向(政策对象本身前后比较)对变化情况进行分析,主要应用于政策作用结果的宏观分析,在具体的分析过程中又分为定性描述和定量计算两种。

(2)费用效益法

费用效益法是引入环境经济学的概念和思想,从经济学的角度来评价分析各种可选方案的。该法用货币表示环境要素或功能的损害,综合计算总效益、总费用和净效益。费用效益法主要应用于政策作用结果的微观分析。

(3)问卷调查法

问卷调查法着力于政策实施后的客观效果评价,是较为经常使用的一种方法,通过问卷调查或访谈来了解人们的切身感受,对政策实施结果做出评价。

10.1.3 评价体系的建立

建立健全南水北调(中线)工程商洛水源地补偿评价体系,进一步从定性评价转向定量评价,为完善生态补偿机制提供操作性强的价值依据,为促进生态补偿机制的实施提供现实的理论依据,为保障生态补偿机制的高效运作提供有力保证。

(1)建立健全南水北调补偿指标考核体系

生态补偿的指标体系主要包括补偿依据、补偿要素、补偿范围、补偿标准、补偿支付模式等内容。制定自然资源和生态环境价值的量化评价方法,研究资源耗减、环境损失的估价方法和单位产值的能源消耗、资源消耗、"三废"排放总量等统计指标,使南水北调生态补偿机制的经济性得到显现。

(2)构建南水北调补偿基金使用效益评价体系

在限制和禁止开发区,要明确当地政府和管理部门得到生态补偿资金后应履行的职能和应负的责任。以南水北调补偿基金使用效益评价体系,评估地方政府和管理部门履行职能状况、补偿资金使用的效率及经济社会效益,奖优罚劣,实现商洛水源地保护职责和商洛水源地补偿收益对称。以南水北调补偿资金的有效使用来实现水源地环境保护的目标,促进当地经济社会发展,切实提高当地民众生活水平,保证补偿资金的使用效益。

(3)建立南水北调保护与补偿项目实施效果评估体系

从生态效益、经济效益和社会效益三个方面对南水北调补偿机制效益进行监测和评估。生态效益指通过生态建设实现对生态环境资源质量和结构的改善,在涵养水源、保持水土、防风固沙、调节气候、防止污染、美化环境等方面发挥着巨大的生态效益。经济效益指南水北调补偿机制对商洛水源地产业结构和经济发展所做贡献与影响的程度,主要监测指标是商洛水源地的国民经济总产值和人均收入等。社会效益指南水北调补偿机制对实现国民经济发展目标和社会发展目标所做贡献与影响的程度,主要监测内容有剩余劳动力转移、人们生活水平、文化教育和社会保障等。应力求客观、系统地反映补偿机制实施后对商洛水源地经济状况和社会状况的影响程度。根据机制效益指标,对商洛水源地补偿机制实施前后的状况进行纵向对比,与同期南水北调水源地进行横向对比,看考核实施的补偿机制是否向有利方向发展,从而对补偿机制得出总体评估结论并做出政策性调整。

10.2　补偿机制实施的保障

南水北调(中线)工程商洛水源地补偿机制的建立是一项复杂的大型系统工程,必须有严密的组织,有计划地推进。商洛市政府要充分重视,把该项工程作为加强、深化商洛市城市建设的重要环节和重要举措,列入议事日程,切实加强领导,做好各项工作,保障商洛地区补偿机制的有效实施。

10.2.1　加强领导,健全组织

南水北调(中线)工程商洛水源地补偿机制的实施是一个长期的过程,需要商洛市政府各级、各部门进一步统一思想,提高认识,切实加强组织领导。在水源地设立专门的补偿协调管理机构,落实领导责任制,坚持"一把手"亲自抓,负总责。

建立商洛水源地的流域协调管理机构,推进区域生态建设和生态补偿各项工作落实。各级政府要积极研究和制定完善生态补偿的各项政策措施,各级生态办要会同财政部门加强生态补偿专项资金的使用管理,提高资金使用效益。发展改革、经济、建设、环保、农业、国土资源、林水等部门要各司其职,相互配合,共同推进生态补偿机制的建立健全,认真落实实施生态补偿的各项要求。各级部门要加强生态补偿措施的监督落实,对实施生态补偿过程中的有关重大问题要及时向相关工作领导小组汇报,并将落实生态补偿工作纳入生态建设与环境保护目标责任制的考核内容。

10.2.2　明确目标,分步实现

商洛市生态保护和经济发展补偿工作是一项系统工程,涉及领域多,涵盖面广。应以邓小平理论和"三个代表"重要思想为指导,以科学发展观为统领,紧紧围绕建设资源节约型、环境友好型的社会主义和谐社会这一目标,坚持以人为本、统筹兼顾、资源共享、以利定责、公正公平、科学合理的原则,制定和建立流域生态保护与经济发展补偿机制,促进流域人口、资源、环境的全面、协调、可持续发展。

商洛市生态保护和经济发展补偿工作也是一个长期建设和渐进发展的过程,不可能一蹴而就,应分步实现。根据补偿机制确定的指导思想和原则、建设目标、补偿范围、补偿

形式、补偿方式和补偿项目,明确目标,统筹安排,有计划、有步骤、有重点地推进。优先抓好商洛市的重点产业、重点县区、重点行业的布局优化、产业升级、污染防治和重点县区的生态建设。通过典型示范,以点带面,实现滚动发展、持续推进。商洛市 6 县 1 区应该结合各自实际,落实区域生态保护和经济补偿目标及项目,并抓好组织实施。

10.2.3　广泛宣传,达成共识

建立与实施南水北调（中线）工程商洛水源地补偿机制,要广泛宣传,充分认识建立这一机制的艰巨性、曲折性和实施这一机制的长期性;认识到商洛水源地补偿机制的建立与实施对确保南水北调（中线）工程水质安全、实现水资源可持续利用、促进经济社会的可持续发展具有重要意义,这将有利于输水区和受水区共同和谐发展。

在广泛宣传的同时,应更新观念,提高认识,形成生态与水资源有偿使用的共识。商洛水源地是全国为数不多集中连片贫困山区,民众整体素质还有待提高,又需要进行广泛宣传,提高民众对生态水资源的认识及重视程度。要在国家推进水权制度改革的前提下,加强输水区与受水区当地政府的协商对话,尽快达成合作意愿,推动这一机制的有效实施。要加强调查研究,成立专家组,设立专题对商洛市具体情况进行研究,制定补偿标准和范围,通过逐渐完善,最终形成具有政策和法律保障的长效补偿机制。

10.2.4　政策配套,加大帮扶

围绕建立健全商洛市生态补偿机制,确定重点调研课题项目,组织开展政策攻关,夯实立法基础。积极开展商洛水源地生态补偿措施、生态公益林管理、排污处理、矿产开采等资源使用方面的政策制定和立法工作,制定出台实施生态补偿的配套政策,为实施生态补偿提供政策和法制保障。

加大对商洛输水区的帮扶力度,发挥京津等受水区的市场、资金、技术优势,通过内引外联、部门帮扶、企业投资、技术转让等形式,帮助输水区调整产业结构,走循环经济的发展道路,加快建设社会主义新农村的步伐,提高当地社会经济水平,实现水资源共享、和谐发展的新格局。

10.2.5　完善制度,加强监督

南水北调（中线）工程商洛水源地补偿机制涉及自然、社会、政治、经济诸多领域,而且将成为经济社会发展的一项长期性工作,所以应该建立健全必要的规章制度,做到制度化、规范化。要建立输水区和受水区共同参加会商的机制,共同研究和制定输水区的生态与水资源的补偿办法,受水区可帮助输水区制定经济发展规划,解决输水区生态建设中出现的难题。

自觉接受各级人大和政协的监督,充分重视社会监督,积极吸取合理化意见和建议,增强生态补偿制度建立健全过程中决策的科学化和民主化。建立生态补偿效益评估制度,实行生态补偿接受地年度生态补偿实施情况的报告制度和生态补偿实施情况部门年度审计制度。建立健全实施生态补偿的信息公开制度,各级政府和有关部门应当定期公布生态补偿重点项目进展情况和流域交界断面的水质达标情况,努力实现生态补偿制度

在公开透明、有效监督的层面上运行。

10.2.6　整合资源,保证资金

商洛市应将生态与水资源补偿资金、南水北调(中线)工程水源地水土保持项目资金、天然林保护资金、退耕还林资金等建设资金捆绑在一起,根据用途不变、使用不乱、各记其功原则,统一管理、集中使用,以提高资金使用效率,解决建设中资金不足的问题。

建议在财政转移支付项目中增加生态补偿科目,将其中部分用于南水北调库区生态建设补偿项目;建立"资金横向转移"补偿模式,实现南水北调受益的京津唐地区对水源地商洛进行直接财政转移支付;实施押金和补偿金制度,将征税手段和补贴手段并用,同时,征收公民或组织生态税、建立专项资金(基金)等,用以保证南水北调(中线)工程商洛水源地补偿所需资金。

10.3　相关意见及建议

以上已经对商洛水源地补偿机制做了详细的描述,接下来是对商洛市实际补偿工作的相关意见及建议。

(1)更新思想观念

更新思想观念主要是指对水资源价值看法的改变。商洛市作为南水北调(中线)工程水源地,经过多年的发展及宣传,"一江清水送北京"的观念已经深入人心,也反映了商洛人民的伟大胸怀以及服从全国大局的意识和奉献精神。但是,在社会主义市场经济条件下,社会的发展需要保持公平性,在输水的同时需要考虑到水源地人民的劳动价值。受水区使用的水包括了水源区人民的劳动价值,受水区有义务对水源区人民所做的劳动及其发展受限给以相应的报酬和补偿,国家政策和法律也给补偿机制的建立提供了政治基础,为此,应当把"一江清水送北京"的口号改为"一江清水供北京"。

(2)加大宣传力度

进一步加大宣传力度,为南水北调(中线)工程商洛水源地补偿机制建立工作创造良好的舆论氛围。通过在政府内部和商洛全市开展各项宣传活动,广泛宣传南水北调工程的作用和意义,使商洛地区人们了解南水北调工程,认识到商洛作为南水北调(中线)工程的输水区,在以国家利益为主的前提下应做出相应贡献和得到必要补偿,在涵养水源与自身发展两方面取得平衡,取得水源区与受水区互利共赢。在宣传活动方面可以参照渭河治理的宣传措施,开展"商洛水源地健康生命行"、"丹江论坛"、"商洛水源地绿色水源"活动等。

(3)建立水生态系统修复评价体系

水生态系统保护与修复是落实科学发展观、建设生态文明、实现人水和谐、促进可持续发展的重要工作,同时,也是具有很强探索性的新课题。专题承担单位要在对商洛地区广泛调研的基础上,通过深入细致的研究,去解决实际存在的众多关键性技术难题,完善水生态系统保护和修复工作的评价指标体系、评估验收管理办法等,并且进行创新,为南水北调(中线)工程商洛水源地补偿机制研究提供有力保障。

（4）实施规模性扶贫开发移民

实施规模性扶贫开发移民工程是保护南水北调水源的最有效途径，也是从根本上解决贫困人口脱贫的最有效渠道，它将对保证南水北调工程的水质和水量起到积极的促进作用，同时对生态保护区人民的生活水平提升有着极大的帮助，是一种双赢的工程。由于商洛市自然环境条件差，土地稀缺，劳动力素质低下，采取规模搬迁集中安置、本土安置与异地安置相结合，鼓励外迁移民，方能从根本上改变这些人的生存、生活、生产状况，彻底消除人对水资源的点源污染，也将有力地推动商洛经济和个人的可持续发展，这也符合社会主义新农村建设精神。

（5）启动节水工程项目建设

为长期保证水源地水量的供需平衡，保证商洛水源地能够持续、足量地将水供向受水区，商洛市应立即启动节水工程项目。应分别从农业节水、工业节水和居民节水三个方面，从设备、文化和思想三个层次实施节水工程，达到建设资源节约型、环境友好型的新商洛，保证南水北调（中线）工程长期、顺利的实施的目的。

（6）申请国家级南水北调补偿试点

为深入贯彻落实科学发展观，确保环境保护基本国策落实到位，按照国务院关于"抓紧建立生态补偿机制"的有关文件精神，建议加快推进商洛市南水北调（中线）工程水源地补偿试点工作，在权益保护的前提下，明确水源守护者的地位，妥善解决水源区环境保护与经济发展的矛盾，同时也为全国其他类似地区水源地补偿提供可资借鉴的经验。

（7）系统开展补偿前期研究，建设保护与补偿性项目储备库

项目储备库是建设项目投资决策、管理的基础和重要依据之一。积极进行商洛水源地保护与补偿性项目的前期论证工作，在水土保持、水污染治理、生态移民、节水工程、特色产业、清洁循环工业、水源地旅游等方面建设项目储备库；随着国家经济形势的良好发展，保护与补偿性政策逐步到位，在国家、社会等各方保护水源地资金投入加大的情况下，就能迅速启动这些建设项目，以抢抓机遇，加快发展。

（8）做南水北调（中线）工程水源的守护者

商洛作为欠发达地区，工农业基础条件薄弱，要实现城市可持续发展和人民生活富裕的物质条件与受水区有较大差距。但恰恰有着一江丹江清水，从交换价值角度出发，商洛在补偿支持权益保护到位的前提下，做南水北调（中线）工程水源的守护者未尝不可。商洛一切工作都围绕着水源保护而做，其权益和生存依靠国家和受水区支持来实现是一个双赢的结局。

参 考 文 献

[1] 雒望余. 南水北调(中线)商洛水源地补偿机制研究[D]. 西安：西安理工大学, 2012.

[2] 黄向向. 丹江流域生态修复模式研究[D]. 西安：西安理工大学, 2012.

[3] 贺志丽. 南水北调西线工程生态补偿机制研究[D]. 成都：西南交通大学, 2008.

[4] 刘建林, 张浩明. 商洛市经济发展的 SWOT 分析[J]. 商洛学院学报, 2011, 25(2):68-72.

[5] 王志凌, 谢宝剑, 谢万贞. 构建我国区域间生态补偿机制探讨[J]. 学术论坛, 2007(3):119-125.

[6] 刘青. 江河源区生态系统服务价值与生态补偿机制研究——以江西东江源区为例[D]. 南昌：南昌大学, 2007.

[7] 尤艳馨. 我国国家生态补偿体系研究[D]. 天津：河北工业大学, 2007.

[8] 赵玉山, 朱桂香. 国外流域生态补偿的实践模式及对中国的借鉴意义[J]. 世界农业, 2008(4):14-17.

[9] 刘燕. 陕西省生态补偿机制调查与研究[D]. 兰州：甘肃农业大学, 2008.

[10] 黄玮. 流域生态补偿机制研究——以海河流域为例[D]. 北京：北京化工大学, 2008.

[11] 郑海霞. 中国流域生态服务补偿机制与政策研究——以4个典型流域为例[D]. 北京：中国农业科学院, 2006.

[12] 樊万选, 方珺. 国外流域生态补偿对我国区域经济平衡协调发展的启示与借鉴[J]. 创新科技, 2013(10):8-10.

[13] 刘建林, 梁倩茹, 马斌, 等. 南水北调(中线)商洛水源地补偿公共政策研究[J]. 人民黄河, 2010, 32(11):9-11.

[14] 樊万选. 流域生态补偿：国外的实践与我国的借鉴[A]. 第二届生态补偿机制建设与政策设计高级研讨会[C]. 2008.

[15] 宋先松. 西部地区生态建设补偿机制和评价体系研究[D]. 兰州：西北师范大学, 2005.

[16] 刘建林, 茹秋瑾. 丹江流域生态修复模式研究[J]. 水利与建筑工程学报, 2012, 10(3):96-100.

[17] 王芃. 论我国生态补偿制度的完善[D]. 郑州：郑州大学, 2006.

[18] 熊云. 鄱阳湖湿地生态补偿机制研究[D]. 南昌：南昌大学, 2008.

[19] 朱桂香. 国外流域生态补偿的实践模式及对我国的启示[J]. 中州学刊, 2008(5):69-71.

[20] 戚瑞. 基于水足迹的流域生态补偿标准研究[D]. 大连：大连理工大学, 2009.

[21] 李艳霞. 博斯腾湖生态修复技术的研究[D]. 西安：西安理工大学, 2007.

[22] 刘建林, 高莹, 马斌. 南水北调(中线)商洛市水源地可持续发展策略研究[J]. 水土保持通报, 2012, 32(4):208-212.

[23] 王幸斌. 景德镇陶瓷工业生态补偿机制的研究[D]. 南昌：南昌大学, 2008.

[24] 高莹. 现代城市景观水系规划理论及实践研究——以杨凌示范区为例[D]. 西安：西安理工大学, 2012.

[25] 刘同德. 青藏高原区域可持续发展研究[D]. 天津：天津大学, 2009.

[26] 朱记伟. 流域治理项目建设管理体制研究——以陕西省渭河流域为例[D]. 西安：西安理工大学, 2008.

[27] 吴菲菲. 流域内产业间生态补偿机制研究——以经营性用水为例[D]. 泰安：山东农业大学, 2010.

[28] 饶云聪.生态补偿理论与应用研究——以海南省为例[D].重庆:重庆大学,2008.

[29] 程颐.饮用水源保护区生态补偿机制构建初探——以汀溪水库水源保护区为例[D].厦门:厦门大学,2008.

[30] 汪洁.巢湖农业面源污染控制的生态补偿机制与政策措施研究[D].合肥:安徽农业大学,2009.

[31] 鲁迪.人为干扰下的生态补偿——以湖北省安陆市烟店镇、辛榨乡基本农田整理项目为例[D].武汉:华中师范大学,2006.

[32] 裴凡苗.南水北调(中线)水源区生态补偿机制研究[D].武汉:湖北大学,2008.

[33] 颜海波.流域生态补偿法律机制研究[D].青岛:山东科技大学,2007.

[34] 刘建林,张浩明,朱记伟.基于混合策略 Nash 均衡的商洛水源地补偿研究[J].人民黄河,2011,33(9):38-40.

[35] 李建国,杨涛,魏林根,等.对加快建立和完善生态补偿机制的政策思考[J].江西农业学报,2008,20(1):101-102.

[36] 李晓冰.关于建立我国金沙江流域生态补偿机制的思考[J].云南财经大学学报,2009,25(2):132-138.

[37] 刘丽.我国国家生态补偿机制研究[D].青岛:青岛大学,2010.

[38] 马莉娟.试述我国水资源现状及应对措施[J].中共四川省委省级机关党校学报,2002(4):59-60.

[39] 金家琪.贵州省赤水市生态修复区环境质量评价及生态修复模式研究[D].重庆:西南农业大学,2005.

[40] 蔡依平.水库农村移民生产安置模式研究[D].南京:河海大学,2005.

[41] 胡仪元,等.汉水流域生态补偿研究[M].北京:人民出版社,2014.

[42] 胡仪元,唐萍萍,袁琦杰,等.汉水流域生态补偿计量模型构建研究[J].汉家发祥地文化研究,2014(夏之卷):50-54.

[43] 朱尔明.对南水北调工程的基本认识[A].中国水利学会 2001 学术年会[C].2001.

[44] 张乐.流域生态补偿标准及生态补偿机制研究——以潕史杭流域为例[D].合肥:合肥工业大学,2009.

[45] 郑冬梅.海洋保护区生态补偿机制理论与实证研究[D].厦门:厦门大学,2009.

[46] 屈志成,刘海平,李兆春,等.京津水源地生态与水资源补偿问题[J].中国水利,2006(22):39-41.

[47] 秉默.看效益 防隐患 南水北调力争尽善——访水利部原总工程师朱尔明[J].团结,2001(2):9-12.

[48] 王燕.水源地生态补偿理论与管理政策研究[D].泰安:山东农业大学,2011.

[49] 金家琪,何丙辉,吕树鸣.长江流域水土保持生态修复及其模式探讨[J].贵州林业科技,2005,33(2):11-14.

[50] 潘金.我国生态环境补偿法律机制研究[D].北京:北京交通大学,2008.

[51] 魏珂.论生态补偿中政府主导作用的发挥[D].金华:浙江师范大学,2008.

[52] 邹德群.内蒙古湿地生态补偿机制研究[D].呼和浩特:内蒙古大学,2011.

[53] 秦建明,陈玉山,安然,等.退耕还林还草补偿资金的筹集与运作[J].内蒙古林业调查设计,2005,28(4):6-8.

[54] 李华英.完善生态补偿机制的研究——以浙江省为例[D].金华:浙江师范大学,2008.

[55] 韩茜.河北省农业生态环境补偿问题研究[D].保定:河北农业大学,2012.

[56] 王格芳.现代生态补偿研究综述[J].资源开发与市场,2010,26(5):447-450.

[57] 张玉卓.南水北调(中线)陕南水源区生态补偿机制研究[D].西安:西安理工大学,2012.

[58] 曹明德.试论建立我国生态补偿制度[A].2004 生态保护与建设的补偿机制与政策国际研讨会

[C].2004.

[59] 饶云聪.生态补偿应用研究——以海南省为例[D].重庆:重庆大学,2008.

[60] 杨爱民,刘孝盈,李跃辉.水土保持生态修复的概念、分类与技术方法[J].中国水土保持,2005
(1):11-13.

[61] 陈奇伯,陈宝昆,董映成,等.水土流失区小流域生态修复的理论与实践[J].水土保持研究,2004,
11(1):168-170.

[62] 韩向华.太湖流域生态补偿模式研究——以江苏段为例[D].石河子:石河子大学,2009.

[63] 李平.浅谈南水北调(中线)工程水源地生态与水资源补偿机制的建立[J].中国水土保持,2008
(9):19-22.

[64] 国家行政学院经济学部.构建西部地区生态补偿机制面临的问题和对策[J].经济研究参考,2007
(44):2-10.

[65] 高德刚.南水北调工程运行管理研究——以南水北调东线山东段工程为例[D].泰安:山东农业大
学,2007.

[66] 朱智杰.民勤生态补偿方式选择分析[D].兰州:兰州大学,2009.

[67] 卢俊昌.东江流域水资源环境生态补偿机制研究[D].中山:中山大学,2008.

[68] 李海鸣.进一步完善生态补偿机制的财税政策思考[J].江西行政学院学报,2010(3):46-49.

[69] 张陆彪,郑海霞.流域生态服务市场的研究进展与形成机制[A].2004 生态保护与建设的补偿机制
与政策国际研讨会[C].2004.

[70] 何国梅.构建西部全方位生态补偿机制保证国家生态安全[J].贵州财经学院学报,2005(4):4-9.

[71] 俞海,任勇.中国生态补偿:概念、问题类型与政策路径选择[J].中国软科学,2008(6):7-15.

[72] 刘燕珍.政府采购电子竞价方式及在水利行业的应用[J].中国水利,2006(22):55-56.

[73] 刘观香.江西东江源区生态补偿研究[D].南昌:南昌大学,2007.

[74] 戚道孟,周怡圃.有关我国生态效益补偿立法的探讨[A].2005 年中国法学会环境资源法学研究会
年会[C].2005.

[75] 施晓亮.区域经济均衡发展中的生态补偿机制研究——以宁波象山港区域为例[D].上海:复旦大
学,2007.

[76] 财政部.财政部 2009 年工作要点[J].农村财政与财务,2009(5):39-43.

[77] 康欣.草原畜牧业可持续发展的生态补偿机制研究[D].呼和浩特:内蒙古农业大学,2008.

[78] 张锋,曹俊.我国农业生态补偿的制度性困境与利益和谐机制的建构[J].农业现代化研究,2010,
31(5):538~542.

[79] 张华荣.完善我国政府间财政转移支付制度研究[D].南昌:江西财经大学,2008.

[80] 张炜.流域水资源生态补偿机制的研究——以里下河地区为例[D].南京:河海大学,2008.

[81] 刘伟.油气田开发中的环境成本计量与生态补偿机制研究[D].西安:西安石油大学,2010.

[82] 黄凡.如何健全和完善生态补偿制度[J].林业调查规划,2005,30(6):50-53.

[83] 一些国家的生态补偿办法[J].水利水电快报,2007,28(15):8-9.

[84] 程艳军.中国流域生态服务补偿模式研究——以浙江省金华江流域为例[D].北京:中国农业科学
院,2006.

[85] 吴保刚.小流域生态补偿机制实证研究——兼论水资源保护开发和污染治理[D].重庆:西南大
学,2006.

[86] 李树.生态税制与我国经济可持续发展[J].商业研究,2002(24):51-53.

[87] 潘杨.西部地区退耕还林补偿问题研究[D].重庆:重庆大学,2007.

[88] 接玉梅.水源地生态补偿机制研究——基于生态用水视角[D].泰安:山东农业大学,2012.

[89] 丁相毅. 南水北调工程调水对郑州市国内生产总值贡献作用量化研究[D]. 郑州:郑州大学,2007.

[90] 卢红英. 网络型生态补偿机制构建研究[D]. 金华:浙江师范大学,2008.

[91] 耿万东. 丹江口水库可调出水量研究[D]. 郑州:郑州大学,2007.

[92] 潘璟. 流域生态补偿法律制度研究[D]. 重庆:重庆大学,2009.

[93] 吕晋. 从减轻经济活动强度的立场设计水源保护区的生态补偿[D]. 上海:复旦大学,2009.

[94] 刘丽丽. 绿色税制及其对区域和产业的相关性研究[D]. 西安:西北工业大学,2005.

[95] 杨爱民,刘孝盈,李跃辉. 水土保持生态修复的概念、分类与技术方法[A]. 全国水土保持生态修复研讨会[C]. 2004.

[96] 赵玉山. 南水北调(中线)河南水源区生态补偿及其机制构建研究[D]. 郑州:河南农业大学,2009.

[97] 宜刘心. 三峡库区农村移民补偿政策研究——以湖北省宜昌市南湾灵宝二村为个案[D]. 武汉:华中师范大学,2006.

[98] 郑海霞,张陆彪,封志明. 金华江流域生态服务补偿机制及其政策建议[J]. 资源科学,2006,28(5):30-34.

[99] 段跃芳. 水库移民补偿理论与实证研究[D]. 武汉:华中科技大学,2003.

[100] 柴方营. 中国水资源产权配置与管理研究[D]. 哈尔滨:东北农业大学,2006.

[101] 刘贵民. 苏州市水源地保护生态补偿研究——以金庭镇为例[D]. 苏州:苏州科技学院,2010.

[102] 宇璐. 重庆市三峡库区农村富余劳动力输出产业化研究[D]. 重庆:西南大学,2008.

[103] 张鹏. 陕西省区域经济差异与趋同研究[D]. 西安:西北大学,2010.

[104] 秦建明. 退耕还林还草经济补偿问题研究[D]. 北京:中国农业大学,2004.

[105] 李良赞. 论商洛旅游经济发展中的特色文化建设问题[J]. 商场现代化,2007(33):227-228.

[106] 郑海霞,张陆彪,涂勤. 流域生态服务补偿支付意愿分析及其政策建议——基于金华江的实证研究[A]. 2006年环球中国环境专家协会年会暨环境与自然资源经济学研讨会[C]. 2006.

[107] 马海涛,马应超. 从我国转移支付制度变迁看民族财政治理的路径[J]. 中南民族大学学报:人文社会科学版,2009,1(29):132-137.

[108] 张建肖,安树伟. 国内外生态补偿研究综述[J]. 西安石油大学学报:社会科学版,2009,18(1):23-27.

[109] 张友斌. 金沙江向家坝水电站农村移民生产安置方式研究[D]. 重庆:重庆大学,2009.

[110] 任世丹,杜群. 国外生态补偿制度的实践[J]. 环境经济,2009(11):34-39.

[111] 包歌根塔娜. 内蒙古矿产资源开发生态补偿研究[D]. 呼和浩特:内蒙古大学,2009.

[112] 赵庆超,苗永红,韦富英. 水土保持措施在宾县土地整理项目中的应用[J]. 水利科技与经济,2008,14(6):473-475.

[113] 谭延巍. 生态政治视野中的生态补偿问题研究[D]. 淄博:山东理工大学,2010.

[114] 杨子峰. 平邑县水土保持生态修复工程生态效益监测与评价[D]. 武汉:华中农业大学,2007.

[115] 肖燕,李怀恩,党志良,等. 流域生态补偿研究进展与存在问题[A]. 第六届中国水论坛[C]. 2008.

[116] 李鹏. 基于草畜平衡与牧民收入关系的生态补偿研究——以镶黄旗为例[D]. 呼和浩特:内蒙古大学,2012.

[117] 杨晓燕. 林权制度若干问题研究[D]. 重庆:重庆大学,2008.

[118] 李文国,魏玉芝. 生态补偿机制的经济学理论基础及中国的研究现状[J]. 渤海大学学报:哲学社会科学版,2008,30(3):114-118.

[119] 陈晓龙. 政府主导下的水电开发生态补偿机制研究[D]. 南京:河海大学,2007.

[120] 陈封锦. 经济法框架下的水权制度研究[D]. 哈尔滨:黑龙江大学,2011.

[121] 徐科,毛绵逵. 农业水费征收存在的问题探讨——以江苏省D县为例[J]. 江西农业学报,2012,

24(11):155-157.

[122] 王敏.我国流域生态补偿机制研究——以京冀潮白河流域为例[D].天津:河北工业大学,2008.

[123] 黄德林,秦静.日本水资源补偿机制对我国的启示[A].2009年全国环境资源法学研讨会[C].2009.

[124] 庾莉萍.生态补偿:为了山清水秀[J].内蒙古林业,2007(1):26-27.

[125] 郑敏.山岳型旅游资源开发生态补偿机制研究——以蒙山为例[D].济南:山东师范大学,2008.

[126] 张陆彪,郑海霞.流域生态服务市场的研究进展与形成机制[J].环境保护,2004(12):38-43.

[127] 麻丽珍.生态补偿法律问题研究[D].泉州:华侨大学,2007.

[128] 曹明德.对建立生态补偿法律机制的再思考[J].中国地质大学学报:社会科学版,2010,10(5):28-35.

[129] 容汉志.民族地区税收政策研究[D].北京:中央民族大学,2009.

[130] 吕景春.开征生态税:可持续发展的一种现实选择[J].特区经济,2001(3):31-32.

[131] 朱丽华.生态补偿法的产生与发展[D].青岛:中国海洋大学,2010.

[132] 张斌.构建我国可持续发展的地方税体系研究[J].哈尔滨商业大学学报:社会科学版,2006(6):88-90.

[133] 王俊舜.国内主体功能区域规划的生态权益机制构建与分析[D].中山:中山大学,2008.

[134] 周国川.环境问题与我国环境税收体系的构建[D].南京:河海大学,2006.

[135] 杨利雅.资源枯竭型城市生态补偿机制研究——以辽宁阜新为例[J].东北大学学报:社会科学版,2008,10(3):226-231.

[136] 林琨.贵州省某二级公路改扩建工程生态工程设计和营造技术研究[D].重庆:重庆交通大学,2011.

[137] 孙会敏.辽西大黑山流域典型植被生态修复效益灰色关联度分析[D].泰安:山东农业大学,2013.

[138] 刘建林,黄向向.基于AHP的丹江流域生态修复模式评价指标优选[J].人民黄河,2012,34(6):95-100.

[139] 邹红美.生态补偿机制的实践与反思[J].经济与管理,2007,21(7):27-29.

[140] 林燕.生态补偿中的政府主导作用研究——以丽水市为例[D].泰安:山东师范大学,2009.

[141] 梅传书,余新启,金旺盛.穿黄工程效益及经济评价分析[J].海河水利,2010(3):61-63.

[142] 崔婷.南水北调(中线)工程水源地陕南生态补偿机制构建[D].西安:西安理工大学,2011.

[143] 余珊,丁忠民."粘蝇纸效应"在我国政府间财政转移支付中的实证研究——基于一般性转移支付资金的研究[J].重庆工商大学学报:社会科学版,2008,25(3):61-64.

[144] 胡德仁,刘亮.既得利益与财政转移支付的均等化效应分析[J].软科学,2009,23(12):50-56.

[145] 张秦岭.关于建立南水北调(中线)工程水源区水土保持生态补偿机制的思考[J].中国水土保持,2008(6):1-4.

[146] 盛海洋.中国南水北调工程进展综述[A].中国自然资源学会2004年学术年会[C].2004.

[147] 李亚华.基于生态伦理观的地区经济可持续发展研究[D].武汉:华中科技大学,2005.

[148] 尧桂龙.南水北调(中线)汉江中下游水质预测与水污染控制仿真研究[D].西安:西安理工大学,2003.

[149] 水利部.南水北调工程总体规划[J].地质装备,2002,3(4):28-32.

[150] 张建肖.陕南秦巴山区生态补偿研究[D].西安:西北大学,2009.

[151] 盛海洋,王飞跃,李勇,等.南水北调工程规划特点及其综合效益研究[J].水土保持研究,2005,12(4):178-182.

[152] 刘建林,梁钰清,时媛,等.南水北调(中线)商洛水源地劳动力转移对策研究[J].现代农业科技,2010,22:399-400.

[153] 雷有军.发展水利推动经济社会科学发展[J].山西水土保持科技,2010(2):9-11.

[154] 张学俭.水保宣传近10年[J].中国水土保持,2008(9):4-6.

[155] 苏芳莉,郭成久.采矿区水土保持生态修复新技术研究[A].中国水土保持学会规划设计专业委员会换届暨学术研讨会[C].2006.

[156] 王仕宗.建立西部地区资源开发生态环境补偿机制的思考[J].社会主义论坛,2008(8):33-34.

[157] 苏芳莉,郭成久,张久志.采矿区水土保持生态修复新技术研究[J].水土保持研究,2007,14(12):191-193.

[158] 朱桂香.南水北调(中线)河南水源区生态补偿机制的建立[J].华北水利水电学院学报:社会科学版,2010,26(5):47-50.

[159] 陆英权.封山育林特点及提高效果的措施分析与探讨[J].中国科技博览,2010(24):207.

[160] 李京蔓.三峡移民工程中的政府开发性移民安置研究[D].重庆:重庆大学,2007.

[161] 刘建林,张雁,高英,等.南水北调(中线)工程水源地商洛水资源可持续利用研究[J].陕西农业科学,2010,56(1):50-52.

后　记

　　我国水资源有着"时空分布不均、南多北少、南涝北旱"的显著特征,江河流域普遍存在"水多、水少、水污、水浑"的自然现象,除气象干预措施外,跨流域调水工程是解决这一问题的最有效办法。毛泽东同志曾说过:南方的水多,北方可以借一些。新的历史时期,政通人和、国泰民安,跨世纪的南水北调工程如民愿得以修建,并于 2014 年 12 月 27 日(中线)工程通水,实现了汉、丹江水通过丹江口水库直供北京。在汉水进京的同时,人们的目光再次聚焦影响工程效能发挥的决定因素——水质问题。良好的水质取决于水源地的水资源保护、水土流失防护、防污治污、民众的自觉呵护等,而这又依赖于有效的水源地补偿机制的建立。

　　本书以南水北调(中线)工程商洛水源地为例,研究了跨流域调水工程补偿机制建立的诸多问题。作者广泛调研大量国内外关于调水工程补偿的相关资料,从 2009 年开始构建研究体系,2012 年部分成果陆续为社会各界认可吸纳,典型的是陕南三市"一江清水送北京"到"一江清水供京津"宣传表述的演变。本书所呈现的成果内容在获取过程中,所形成的部分公开发表的论文,不仅对区域经济发展有着重大意义,也直接或间接地支持了国家层面《丹江口库区及上游水污染防治和水土保持"十二五"规划》、《丹江口库区及上游地区经济社会发展规划》、《丹江口库区及上游地区对口协作工作方案》等三个重要文件的出台,支持了陕西省政府出台多个关于陕南南水北调水源地发展支持计划,这使得笔者作为生活在商洛,供职于商洛唯一的一所高等本科院校——商洛学院的一名学者、一名陕西水利人非常欣慰!本书的出版发行恰逢"汉水进京",不是历史的巧合,而是笔者思量着研究成果虽然有一些应用成绩,也获得了商洛市人民政府科技成果一等奖,但现实作用发挥得还不够,需要给自己的研究和自己的项目团队及学生们一个交代,也是自己站在生活了近 8 年的商洛土地上,在继往开来的新的节点的一声呐喊!

　　本书在编撰过程中得到了黄河水利出版社郝鹏同志的热情帮助,得到了西安理工大学沈冰教授、解建仓教授的悉心指导,得到了商洛科技局原局长刘毅生、陕西省引汉济渭办公室主任蒋建军、陕西水利厅副厅长薛建兴、国家南水北调办监察司副司长赵世新的关心和支持,得到了西安理工大学马斌教授、朱记伟副教授,以及西安水电设计院院长高双强、高级工程师雒望余的尽力协助。特别要说的是西安沣东新区张浩明同志,以及商洛学院教师黄向向、张家荣、王聪实质性参与完成了大量具体工作,还有我的爱人黄颖为教授、儿子刘奕辰给予我很多的理解与鼓励。此外,本书涉及的相关理论及实践成果参照了许多专家学者的研究成果,在此,作者一并谨致最衷心的感谢!

刘建林
2015 年 1 月